ABHANDLUNGEN DER DEUTSCHEN AKADEMIE
DER WISSENSCHAFTEN ZU BERLIN

Klasse für Mathematik, Physik und Technik
Jahrgang 1961 Nr. 3

EDUARD MAURER

EMPIRIE, PRODUKTIONSZAHLEN UND WISSENSCHAFT BEI DER STAHLHERSTELLUNG

Mit 11 Abbildungen
und 2 Tabellen

AKADEMIE-VERLAG · BERLIN
1961

Vorgelegt von Hrn. Maurer in der Klassensitzung vom 15. September 1960
Zum Druck genehmigt am gleichen Tage, ausgegeben am 8. August 1961

Erschienen im Akademie-Verlag GmbH, Berlin W 8, Leipziger Straße 3—4
Lizenz-Nr. 202 · 100/525/61

Gesamtherstellung: VEB Druckerei „Thomas Müntzer" Bad Langensalza
Bestellnummer: 2001/61/I/3
Preis: DM 5,50
Printed in Germany
ES 20 F 7

INHALTSVERZEICHNIS

I. Die Entwicklung der Stahlherstellungsverfahren

Die wissenschaftliche Forschung auf dem Stahlgebiet entstand in Frankreich und zwar durch die 1722 von Réaumur erschienene Schrift: „Die Kunst, Schmiedeeisen in Stahl umzugestalten". Auch nach unserer heutigen Auffassung hat dieses Buch von Réaumur wissenschaftlichen Charakter. In diesem Buch schildert Réaumur eingehend die Herstellung von Zementstahl aus Schweißeisen, welches den damaligen Schmiedestahl darstellte, durch Glühen in einem pulvrigen Gemisch, das „aus zwei Teilen Ruß, einem Teil Kohlenstaub, einem Teil Asche und dreiviertel Teil Kochsalz oder etwas weniger bestand". Das Ergebnis der von Réaumur angestellten zahlreichen Versuche bestätigte C. J. B. Karsten noch 1841 in seinem Handbuch für Eisenhüttenkunde. Réaumur schilderte in seinem eigenen Buche eingehend das Bruchkorn seiner Versuchsproben, das auf Grund des Betrachtens mittels eines Vergrößerungsglases zeichnerisch wiedergegeben wurde, darunter auch das Bruchkorn einer Reihe von Stahlproben orientalischer Herkunft, die ihm durch Vermittlung des Herzogs von Orléans zur Verfügung standen. Von Interesse dürfte sein, zu erfahren, daß Réaumur von diesem für seine metallurgischen Arbeiten später mit einer Jahresrente von 12.000 Livres dotiert wurde [1].

Réaumur war auf Grund seiner hervorragenden mathematischen Abhandlungen schon mit 25 Jahren Mitglied der französischen Akademie der Wissenschaften geworden. Seine Versuche führten aber zu keinem praktischen Ergebnis, da er an der Weiterverarbeitung der in England mit dem Namen „blister-bars" bezeichneten zementierten Stangen scheiterte. Aber auch der in England durch Aussortieren nach gleichem Bruchgefüge ein- bzw. mehrmals zusammengeschweißte Stahl entsprach wegen seiner Schweißschlackeneinschlüsse keineswegs allen Bedürfnissen, insbesondere war er kaum für Uhrfedern geeignet, so daß sich der Uhrmacher Benjamin Huntsman [2] damit beschäftigte, die „blister-bars" durch Umschmelzen zu läutern. 1740 gelang ihm erstmalig, den bis dahin als unschmelzbar gehaltenen Stahl in einem Tontiegel und in einem mit Koks gefeuerten Windofen mit hoher Esse zum Schmelzen zu bringen. Aber der so erzeugte Tiegelstahl war nur als Werkzeugstahl verwendbar, nach wie vor wurde das übliche Schmiedeeisen als Schweißeisen in Holzkohlen-Frischfeuern erzeugt. In diesen Frischfeuern wurde durch den Sauerstoff der eingeblasenen Luft Silizium und Mangan, sowie auch teilweise Eisen, oxydiert, und es bildete sich eine Silikatschlacke mit rd. 30% Kieselsäure und rd. 70% Eisen- und Manganoxydul. Gegen Ende des Prozesses verbrannte der Kohlenstoff. Die Schlacke wurde später durch mehrmaliges Schmieden aus den Luppen herausgepreßt. Der Schwefel des Roheisens verbrannte teilweise beim Einschmelzen, und es konnte mit einem Rückgang von rd. 50% gerechnet werden. Eine Abnahme des Phosphors fand nicht statt, so daß mit einem sehr P-armen Roheisen gearbeitet werden mußte.

1784 ersetzte Henry Cort [3] in England das Frischfeuer durch einen mit Steinkohlen gefeuerten Flammofen. Auf dem Sandherd eines derartigen Ofens wurde das Roheisen mit Erz zusammengebracht und mit Stangen durchgearbeitet, d. h. gepuddelt, wobei das sogenannte Puddeleisen, ebenso wie das Frischfeuereisen, im teigigen Zustand entstand. Um 1840 erfand JOSEPH HALL [4] das Verpuddeln des grauen Roheisens mit Hilfe reichlicher Schlackenzusätze auf einem mit gerösteter Schweißschlacke ausgestampften Herd. Ein derartiger Puddelofen lieferte in der Woche etwa 20 bis 24 t Puddeleisen. In Gegenwart der abgerösteten Schweißschlacke, die im wesentlichen aus Eisenoxydoxydul bestand,

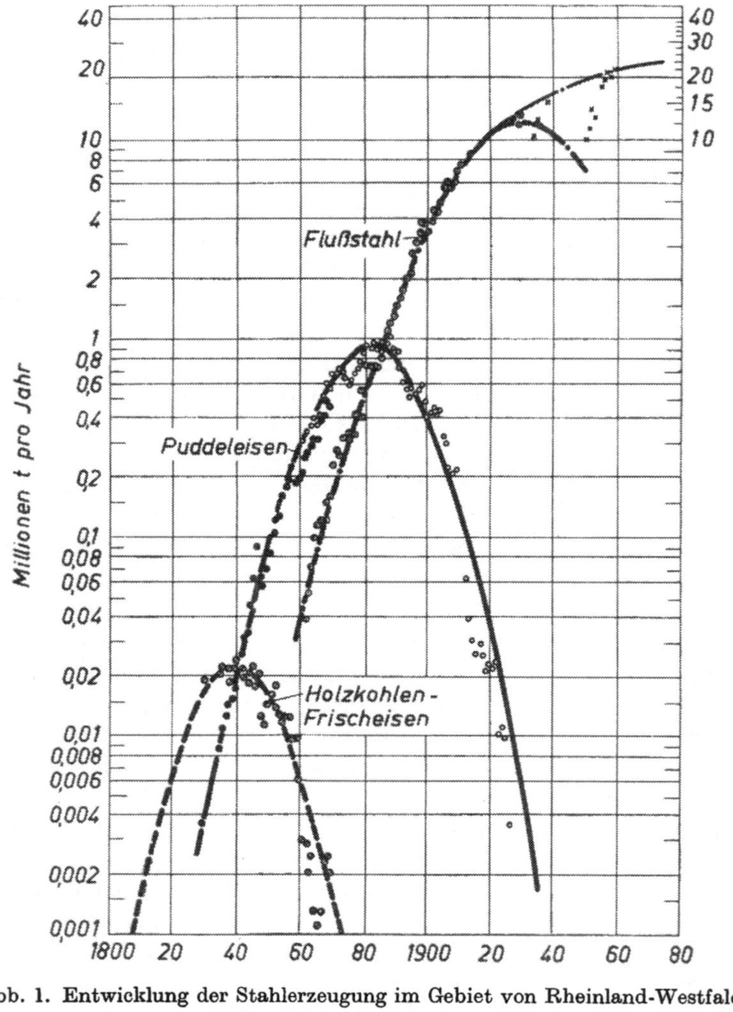

Abb. 1. Entwicklung der Stahlerzeugung im Gebiet von Rheinland-Westfalen in den Jahren 1830 bis 1972/75

trat auch eine Entphosphorung durch Eisenphosphatbildung ein, die bis über 80% gehen konnte. Ganz zuverlässig scheint diese Entphosphorung jedoch nicht gewesen zu sein, da neben zähem Eisen mit rd. 0,10 bis 0,15% P auch sprödes mit einem P-Gehalt von 0,25 bis 0,30% fiel. Für den Schwefelgehalt dürfte dasselbe gegolten haben, da ja für den Grad der Entschweflung der Schwefelgehalt der Verbrennungsgase maßgebend war, der wieder vom Schwefelgehalt der angewandten Steinkohlen abhing.

Wie aus Abb. 1 zu ersehen ist, war 1840 im Rheinland und Westfalen die Menge des hergestellten Puddeleisens mit 20.000 Jahrestonnen der des Holzkohlen-Frischeisens gleich.

1890 betrug dort die Erzeugung des Puddeleisens rd. 1 Millionen Tonnen, um dann abzufallen. 1920 war sie praktisch erloschen. Aber bereits ab 1860 wurde die Puddelstahlerzeugung allmählich durch zwei andere Verfahren, bei welcher die Herstellung des Eisens nicht mehr über den teigigen, sondern über den flüssigen Zustand vor sich ging, verdrängt. Es war dies einmal das 1855 bis 1860 entstandene saure Konverterverfahren und das andere Mal das 1864—65 zur Entwicklung gekommene saure Herdofenverfahren. Auf das saure Konverterverfahren, bei dem Luft unter Druck durch ein flüssiges Roheisenbad geblasen wurde und das zur Herstellung von schmiedbarem Eisen keinen Brennstoff erforderte, wurde dem Kupferstecher Henry Bessemer [5] am 17. 10. 1855 ein britisches Patent (Nr. 2321) erteilt. Bei dem Bekanntwerden dieser Patentschrift erregte das so beschriebene Verfahren außerordentliches Aufsehen bei den Fachleuten, weil die Menge Roheisen, die ein Puddelofen in 24 Stunden in schmiedbares Eisen umzuwandeln in der Lage war, nach dem neuen Verfahren in etwa 20 Minuten gefrischt werden sollte.

Wie Bessemer auf den Gedanken kam, in einem Tiegel mit flüssigem Roheisen Luft einzublasen, wie dies in Abb. 2a, das aus seiner Autobiographie entnommen ist, dargestellt ist, blieb für die damaligen und auch für die heutigen „Ironmasters" [6] unverständlich.[1])

Wesentlich war bei dem Versuch von Bessemer die Tatsache, daß das Roheisen nicht einfror, sondern daß sich die Temperatur im Tiegel sogar erhöhte. Aus dem Fachschrifttum geht hervor, daß 1869 bzw. 1872 diese Temperaturerhöhung auf die Wärmeentwicklung zurückgeführt wurde, die sich durch das Verbrennen des Siliziums einstellte. In der Folge bildeten sich je nach der Zusammensetzung des angewandten Roheisens verschiedene Blasarten in England, Schweden, Deutschland und Amerika aus. Die praktischen Versuche führte Bessemer in dem in Abb. 2b nach ihm wiedergegebenen Gerät durch. Das Roheisen wurde vorher in einem Flammofen und später in einem Kupolofen verflüssigt.

Bei der Übernahme seines Verfahrens durch andere Werke erlebte Bessemer vorerst aber eine schwere Niederlage. Der so hergestellte Stahl war spröde und konnte mit dem zähen Erzeugnis des Puddelofens nicht in Konkurrenz treten.

1855 war die Bestimmung der Eisenbegleiter schon dermaßen entwickelt, daß der Fehlschlag dem Phosphorgehalt des erblasenen Stahls zugeschrieben werden konnte, wenn es auch noch unverständlich blieb, warum derselbe Phosphorgehalt im Puddeleisen, da im Eisen nicht gelöst, diese versprödende Wirkung nicht hatte. Aber erst 1858 kam das saure

---

[1]) Siehe im Gegensatz hierzu: E. Schürmann, Der Metallurge Henry Bessemer (St. u. E. **76** (1956) S. 1016/17). Die Ansicht von Schürmann wird durch die eigenen Ausführungen von Bessemer aus dem Jahr 1896 (10) über die Erfindung seines Verfahrens widerlegt, denn diese Ausführungen hätten von einem Metallurgen nicht gemacht werden können. Sie lauteten nämlich wie folgt:

„Das Hineinblasen von Luft in eine flüssige Masse bildet überhaupt keine Herstellungsart und ist deshalb nicht patentfähig; so kann man z. B. erwärmte Luft in Leinöl blasen, allein das ist kein neues Verfahren, ein derartiges Blasen könnte nur dazu dienen, das Öl zu erwärmen. Wenn man aber Luft in erhitztem Zustande in zahlreichen getrennten Strahlen von einer am Boden eines hohen zylindrischen, mit Leinöl gefüllten Gefäßes liegenden durchlochten Scheibe aus in die Höhe bläst, dann wird das so behandelte Öl sich mit dem Sauerstoff der Luft verbinden und dabei zäh und klebrig werden und dieselbe trocknende Eigenschaft besitzen wie Öl, welches mit Bleioxyd in der bei der Herstellung von trocknenden Ölen üblichen Weise gekocht worden ist. Da nun ein solches Einblasen von Luft in Öl durch seine chemische Wirkung ein besser trocknendes Öl liefert, so war dies eine neue und patentfähige Herstellungsart. Das war eine Erfindung von mir, zehn Jahre bevor ich an die Stahlerzeugung dachte, für die ich auch meinen Lohn geerntet habe. Wenn man hingegen kalte Luft in zahlreichen Strömen aufwärts durch ein mit Sahne gefülltes Gefäß bläst, so ist das an sich kein neuer Herstellungsvorgang; wenn indessen die Luftströme kräftig genug sind und hinreichend lange anhalten, so wird die dadurch verursachte heftige Bewegung die Sahne in Butter verwandeln und die Erzeugung von Butter ohne Buttern zur Folge haben. Dies ist eine neue Herstellungsart, die patentfähig ist."

Konverterverfahren durch den Schweden G. F. GÖRANSSON unter Anwendung von einem phosphorfreien Dannemora-Eisen zusammen mit der Vergrößerung der Windmenge [7] — durch Erweitern der Zuleitungsrohre von $^5/_8$ Zoll auf $^7/_8$ Zoll — anstatt der Erhöhung des Winddrucks nach BESSEMER, wenn auch erst nur bedingt, zum Tragen.

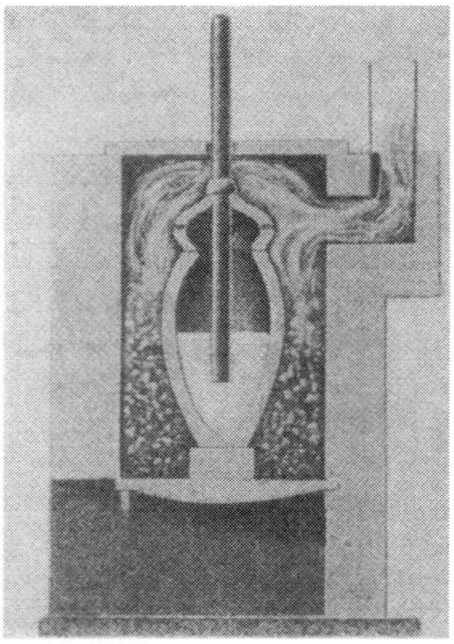

Abb. 2a. BESSEMERS erster Versuch Juni 1856

Abb. 2b. BESSEMERS betrieblicher Versuchsapparat von 1856

Bedingt deswegen, weil nach der anfänglichen Praxis von GÖRANSSON 1 bis 2 Minuten vor Beendigung der Entkohlung das Blasen abgebrochen werden mußte, um einen blasenfreien Block zu erhalten. Wirklich betriebsfähig wurde das BESSEMER-Verfahren erst durch die Anwendung der Erfindung von ROBERT MUSHET, die darin bestand, dem bei dem Verfahren erzeugten, teilweise oxydierten Eisen Mangan in Form von Spiegeleisen, d. h. eines weißen Roheisens mit rd. 10% Mn, in einem Betrag von 3—5% zuzusetzen, wodurch nach den Angaben der entsprechenden beiden englischen Patentschriften [8] nicht nur der Rotbruch vermieden, sondern auch ein erhöhtes Warmverformungsvermögen bewirkt wurde.

Nachdem BESSEMER im März 1860 sein letztes Patent (Nr. 578) auf die heute noch bestehende Konverterform, die Abb. 3 zeigt, erhalten hatte und sein Verfahren zufolge der von ihm in seinen beiden Vorträgen am 10. und 17. Mai 1859 in der Institution of Civil Engineers in London gemachten Ausführungen betriebssicher geworden war, erhielt er von jeder Tonne eine Lizenz von einem Pfund und dies bis 1870. Allein in diesem Jahr wurden in England 215.000 t Bessemerstahl erblasen. Das das BESSEMER-Verfahren aber überhaupt metallurgisch zum Tragen kam, dürfte im wesentlichen das Verdienst des Schweden GÖRANSSON sein. Die Mitwirkung von GÖRANSSON wurde jedoch von BESSEMER, nach schwedischer Darstellung [9], niemals erwähnt, auch nicht in den Ausführungen, die BESSEMER selbst [10] über sein Verfahren machte, als ihm amerikanische Kreise die Priorität zu diesem absprachen und ihrem Landsmann, WILLIAM KELLY, zuschrieben, der 1847 begonnen hatte, Roheisen durch Einblasen von Luft zu frischen. Jedenfalls besteht die Tatsache, das Bessemer in Amerika nur ein Patent auf die Ausführungsart seines Verfahrens erhielt, aber dies bedeutet doch immerhin die konstruktive Ausgestaltung eines ganzen Konverterstahlwerks. Aber nicht nur die Mitwirkung von Göransson umging Bessemer, auch den wesentlichen Einfluß von der Mushetschen Erfindung auf sein Verfahren berührte er nirgends, obwohl nach der heutigen englischen fachlichen Auffassung [11] diese Erfindung die „salvation", d. h. die „Rettung" seines Verfahrens bewirkte.

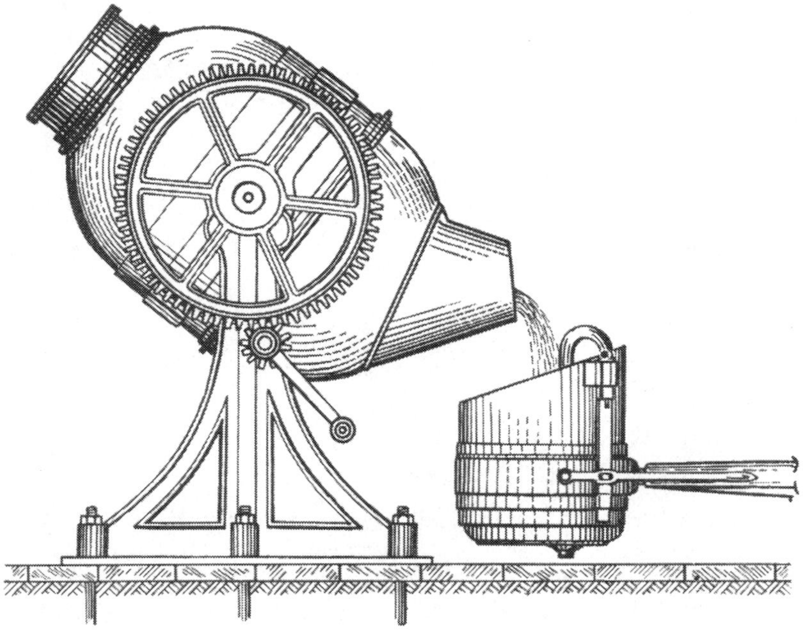

Abb. 3. Jetzt übliche Konverterform erstmalig 1860 entworfen und eingesetzt von H. Bessemer auf seinem Sheffielder Stahlwerk. Zeigt das Vergießen in die Pfanne nach dem Verblasen

Die gemachten Ausführungen belegen eindeutig die Empirie bei dem Zustandekommen des Konverterverfahrens.

Unabhängig vom Konverterverfahren ging die Weiterentwicklung des Puddelverfahrens in der Richtung, den Stahl im flüssigen Zustand zu erhalten. Am bekanntesten sind hier die Versuche geworden, die 1860 von A. Sudre [12] auf Kosten des französischen Kaisers in dem Hüttenwerk von Montataire bei Paris vorgenommen wurden. Hierüber wurde unter Mitwirkung des Chemikers Sainte Claire-Deville im Mai 1861 ein empfehlendes Gutachten erstattet. Bei diesen Versuchen wurden einmal Bruchstücke von alten Feilen zusammen mit Puddelstahl im Verhältnis von 1 zu 3 gesetzt, das andere Mal Puddelstahl zusammen mit Roheisen von Ivoy im Verhältnis von 2 zu 3. Es wurden Blöcke von 85 bis 87 kp abgegossen, die sich auch unter einem 3000 kp Hammer verschmieden ließen. Als wesentlich wurde erkannt, daß der Schmelzherd des Flammofens mit *möglichst wenig Fugen* herzustellen war und daß die Kohle möglichst pyritfrei zu sein hatte.

Wirklich betriebsmäßig konnte aber das Schmelzen von Stahl im Flammofen erst erfolgen, nachdem Friedrich Siemens 1856 die von dem Pfarrer Robert Stirling 1816 angegebene Regenerativ-Feuerung betriebsreif gemacht und Wilhelm Siemens 1862 einen Schrägrostgenerator geschaffen hatte, da durch die Gasfeuerung sich die Temperatur im Ofen leichter handhaben ließ.

Der Nachweis, daß die Regenerativ-Feuerung nicht auf FRIEDRICH SIEMENS, wie dies im damaligen deutschen Fachschrifttum allgemein angenommen wurde, sondern auf ROBERT STIRLING 1816 zurückgeht, wurde erstmalig 1930 von *mir* und meinem Mitarbeiter W. BISCHOF erbracht bei Ausarbeitung meines Vortrages anläßlich der Einweihung des neuen Eisenhütten-Institutes der Bergakademie Freiberg, Januar 1930 [13]. Im englischen Schrifttum war dieses Patent bis 1917 unbekannt geblieben, zu welchem Zeitpunkt es vom Engineering nachträglich veröffentlicht wurde.

Nach Einreichung meines damaligen Vortrages bei der Fachzeitschrift „Stahl u. Eisen" wurde von dieser der rechtlichen Vertretung des Hauses Siemens der Vortrag erst vorgelegt, wogegen aber von dieser Stelle kein Einspruch erhoben werden konnte, da die Fotokopie

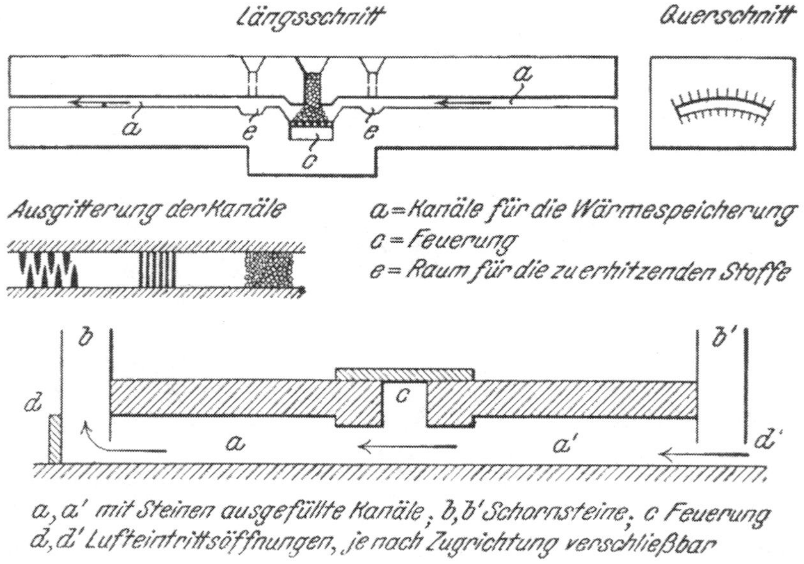

Abb. 4. Gegen eine Veröffentlichung des Siemens-Archivs.
Oben: Die erste Regenerativ-Feuerung nach ROBERT STIRLING 1816
Unten: Regenerativ-Feuerung von FR. SIEMENS nach einem Brief an WERNER SIEMENS vom 11. 12. 1856

der STIRLINGschen Anordnung aus dessen Patent vom Jahre 1816 aus dem Engineering beigefügt worden war. Gegen diese Feststellung trat neuerdings das Siemens-Archiv, München [14] erneut dafür ein, daß der Erfinder der Regenerativ-Feuerung FRIEDRICH SIEMENS gewesen sei. Als Begründung wurde von dieser Stelle eine Handskizze angegeben, welche einem Brief von FRIEDRICH SIEMENS an WERNER SIEMENS vom 11. Dezember 1856 entnommen wurde. Diese Zeichnung kann in keinerlei Weise als maßgebend erachtet werden, da sie bereits in dem von mir angeführten Vortrag, zusammen mit der Zeichnung aus der Patentschrift von ROBERT STIRLING aus dem Jahre 1816, veröffentlicht wurde. Aus dem Vergleich der beiden in Abb. 4 wiedergegebenen Skizzen geht eindeutig hervor, daß FRIEDRICH SIEMENS nicht als der Erfinder der Regenerativ-Feuerung angesprochen werden kann, wenn auch sein Verdienst hierdurch ungeschmälert bleibt, da er die Regenerativ-Feuerung, wie bereits gesagt, betriebsreif machte.

Der erste Regenerativ-Ofen wurde von W. SIEMENS in Montluçon gebaut. Die teilweise unter seiner Leitung durchgeführten Schmelzversuche aber mißlangen völlig. Nach einem Monat stürzte der Ofen ein, und die Versuche wurden aufgegeben.

In Sireuil nahm PIERRE MARTIN, unabhängig von einer metallurgischen Mitwirkung von W. SIEMENS, die Versuche erneut auf. Der hier in Sireuil von WILHELM SIEMENS gebaute Ofen war zunächst ein Schweißeisenofen, welcher, nachdem die Arbeiter mit dem Regenerativ-Ofen umzugehen gelernt hatten, in einen Schmelzofen umgeändert wurde. Der erste einwandfreie Stahl darin wurde am 8. April 1864 von PIERRE MARTIN erschmolzen. Der Herd wurde mit Gießereisand von Sireuil zugestellt und zwar so, das das Sandgemisch $^1/_5$ aus neuem Sand und $^4/_5$ aus derartigem bereits benutzten Sand bestand. Der Herd wurde aus 3 bis 4 Lagen aufgestampft, jeweilig auf Arbeitstemperatur gebracht und darauf vorsichtig erkalten gelassen. Der so hergestellte Herd hielt etwa 30 Schmelzen von je 1500 kp aus. Als Roheisen wurde solches von St. Louis mit einem Mn-Gehalt von rd. 6% benutzt. Es wurden rd. 20% dieses Roheisens gesetzt, so daß das Mangan im Einsatz, neben dem des Roheisens, bei einem angenommenen Mn dem des Schweißeisens von 0,20%, zusammen rd. 1,35% betrug, was auch heute noch der übliche Manganeinsatz ist. Da der Phosphorgehalt des angewandten Schweißeisens dem des Roheisens mit 0,09% praktisch gleich gewesen sein dürfte, so kann bei den Sireuiler Chargen im Endstahl derselbe P-Gehalt angenommen werden. Der S-Gehalt dürfe sich hierbei um 0,035 bis 0,045% bewegt haben. Die Chargen wurden in bezug auf den Kohlenstoff so gefahren, daß der verlangte C-Gehalt durch die Frischwirkung der Verbrennungsgase unterschritten wurde. Später wurden 2 bis 3% Eisenerz mitgesetzt. Auf die Frischwirkung des Erzes kamen und kommen aber nur rd. 10% der Gesamtfrischwirkung.

Der Kohlenstoffgehalt im Stahl wurde zum Schluß der Schmelze durch den Zusatz desselben manganhaltigen Roheisens von St. Louis eingestellt, wodurch auch zugleich die Desoxydation bewirkt wurde. Erst später, am 20. 9. 1867, wurde in der Ergänzung Nr. 4 zum Patent 77030 vom 5. 7. 1867 zur Herstellung von schweißbarem Weichstahl die Verwendung von Spiegeleisen vorgeschlagen, wobei eigens auf dessen schon laufende Verwendung beim BESSEMER-Verfahren hingewiesen wurde.

Das eigentliche metallurgische Verfahren, wie es PIERRE MARTIN in seinem Hauptpatent vom 28. 7. 1865 (F. P. Nr. 68220) beschrieb, ist sein alleiniges Verdienst und kam ohne jede Mitwirkung von WILHELM SIEMENS zustande. Dieser sprach dem von PIERRE MARTIN geschaffenen Roheisen-Schrott-Verfahren jede Bedeutung ab. Wenn als Einsatz das Schweißeisen hätte beibehalten werden müssen, so hätte sich das MARTIN-Verfahren wirtschaftlich nicht durchsetzen können. Es kam dadurch zum Tragen, daß es in der Lage war, die beim BESSEMER-Verfahren abfallenden großen Walzschrottmengen einzuschmelzen.

Das *Roheisen-Schrott-Verfahren von* P. MARTIN ist auf Grund reiner Empirie entstanden. Im Gegensatz hierzu kam W. SIEMENS auf seinem eigenen Stahlwerk mit dem 1863 von LOUIS LE CHATELIER vorgeschlagenen *Roheisen-Erz-Verfahren* nicht weiter. Auch die damals auf der Gußstahlfabrik Essen [15] zahlreich unternommenen Schmelzen, um sein Verfahren zum Tragen zu bringen, verliefen negativ. Es blieb einer späteren Zeit vorbehalten, dieses Verfahren betriebsreif zu machen.

Das SIEMENS-MARTIN-Verfahren auf saurem Herd wurde bereits 1869 in Essen in Dauerbetrieb eingeführt. In Verbindung mit dem *Kruppschen Waschverfahren* [16], bei welchem der P-Gehalt eines Roheisens, ähnlich wie beim Puddelverfahren in Gegenwart einer reichlichen Menge eines manganhaltigen Eisenerzes in einem drehbaren Flammofen sich um über 80% erniedrigen ließ, war man auf der Essener Gußstahlfabrik sogar in der Lage, bei dem sauren Roheisen-Schrott-Verfahren nicht vornherein an ein möglichst phosphorarmes Roheisen gebunden zu sein. Heute tritt das saure Verfahren, wenigstens auf dem Kontinent, nur noch mit dem basischen Verfahren zusammen als Duplexverfahren auf. Bei Qualitätsstahl ist man hierbei bei einem Fassungsvermögen der Herdöfen von 40 bis 60 t stehengeblieben. Der heutige Qualitätsstahl wird im wesentlichen im Elektroofen erzeugt, wo Schmelzeinheiten bis zu 180 t bereits zum Einsatz kommen.

Um zum Massenstahl zurückzukommen, so sei angeführt, daß dieser größere Herdeinheiten erlaubt, die jetzt in der Sowjetunion als auch in den USA über 500 t Einsatz gehen. Wesentlich war bei der Entwicklung des SIEMENS-MARTIN-Verfahrens die Übernahme des basischen Herdes von der basischen Ausfutterung bei dem Konverterverfahren. Die basische Ausfutterung war bei dem Konverterverfahren dafür maßgebend, daß dieses Verfahren sich zum wirklichen Massenstahl-Erzeugnis-Verfahren entwickelte, da durch die basische Ausfutterung auch phosphorhaltiges Roheisen verblasen werden konnte.

Nachdem das BESSEMER-Verfahren einwandfrei lief, stand im Mittelpunkt des Fachinteresses das *Verblasen von phosphorhaltigem Roheisen.* G. J. SNELUS, Chemiker eines südwalisischen Stahlwerks, brachte hierzu 1872 die erste Lösung. Nach der entsprechenden Patentschrift [17] war die heiß zu stampfende Ausfutterung für den Bessemer-Konverter geschützt, welche aus gebranntem Kalk, Magnesia oder eine Mischung von beiden, ohne oder mit Eisenoxyd oder Koksstaub bestand. Auch konnte diese Ausfutterung aus ungebranntem Kalk oder Dolomit bestehen, welche im angefeuchteten Zustand mit Eisenoxyd zusammengerührt wurden, um nach dem Auftragen gebrannt zu werden. Die Laboratoriumsversuche, die von SNELUS durchgeführt wurden, ergaben nach einem Bericht des Fachschrifttums eine beachtliche Abnahme des Phosphors. SNELUS hatte sich vorher bereits eingehend mit dem BESSEMER-Verfahren befaßt. Beispielsweise hatte er die Abgase beim Blasen analysiert; auch hatte er die Abnahme von Kohlenstoff, Silizium und Mangan während des Blasverlaufs durch entsprechende Probenahmen verfolgt [18].

Die Entphosphorung im praktischen Betrieb in den Jahren 1877 bis 1879 durchgeführt zu haben, ist das Verdienst des Gerichtsschreibers SIDNEY THOMAS und seines Vetters PERCY GILCHRIST [19]. Letzterer war Chemiker auf einem Stahlwerk und durch ihn dürfte bei THOMAS das Interesse für die Stahlherstellung geweckt worden sein, nachdem diesem durch den plötzlichen Tod seines Vaters nicht möglich war, sein anfängliches Medizin-Studium fortzusetzen. Um sich nun gewisse wissenschaftliche Kenntnisse in der Chemie und Metallurgie anzueignen, besuchte er Abendkurse in diesen Fächern an der Royal School of Mines, wobei in den metallurgischen Vorlesungen auch auf die Wichtigkeit der Entphosphorung des Roheisens im Konverterverfahren hingewiesen wurde. Die mit seinem Vetter auf dessen Stahlwerk heimlich unternommenen Versuche mußten mit der Zeit doch dem Leiter des betreffenden Stahlwerks, EDWARD MARTIN, auffallen, und er wies GILCHRIST darauf hin, ob es nicht zweckmäßig wäre, daß der junge Mann mit seinen Geheimversuchen besser täte, ihn ins Vertrauen zu ziehen. THOMAS tat dies dann auch und durch die Unterstützung von MARTIN wurden die Versuche erheblich gefördert, indem dieser anfangs einen Konverter von 200 kp und später einen solchen von 600 kp zur Verfügung stellte, worin etwa 50 bis 60 Chargen durchgeführt und der Stahl sowie die Schlacken analysiert wurden.

THOMAS hatte für die Herbsttagung des Iron and Steel Institute's in Paris 1878 einen Vortrag über die Ergebnisse der bisherigen Arbeit angemeldet. Wenn auch dieser Vortrag wegen Zeitmangel auf die Frühjahrstagung 1879 verschoben wurde, so machte er doch bei der Besichtigung von Le Creusot die Bekanntschaft von E. W. RICHARDS, dem Leiter der Eston-Stahlwerke, der es ermöglichte, daß THOMAS seine Versuche auf diesen mit einem 1,5 t Konverter weiterführen konnte. Bei diesen gewissermaßen Abschlußversuchen zeigte es sich, daß zum Erreichen des gewünschten niedrigen Phosphorgehaltes, nach Verschwinden der Kohlenstofflamme, noch ein Nachblasen durchgeführt werden mußte. Durch die in Middlesborough am 4. April 1879 erblasene Charge fand gewissermaßen die betriebliche Abnahme des Verfahrens statt [19].

Um die Ausführungen über die wesentlichen Stahlherstellungsverfahren abzuschließen, wird kurz noch auf das *Elektrostahlverfahren* eingegangen, da es das einzige Stahlherstellungsverfahren ist, bei dem erstmalig wissenschaftliche Erkenntnisse von vornherein zum Einsatz kamen.

Das Elektrostahlverfahren kam in Westdeutschland bei den damaligen Glockenstahlwerken in Remscheid Februar 1906 in einem 1,5 t-Ofen von Paul Héroult zur Durchführung. Von den vielen Elektro-Lichtbogenöfen hat sich der Héroult-Ofen bis heute unvermindert gehalten und wird zur Zeit, wie schon angeführt, in Größen bis 180 t gebaut, nur daß der Herd dieser Öfen heute nicht mehr aus einem eingestampften Gemisch von gesintertem Dolomit mit Teer, sondern aus einem trocken gestampften Sinterdolomit-Herd besteht, wie dieser 1938 von dem Italiener G. Crespi [20] angegeben wurde.

Das metallurgische Elektrostahlverfahren wurde durch die ,,Société électro-métallurgique in Froges (Savoyen)" ausgebildet und wurde in der entsprechenden Patentschrift [21] eingehend beschrieben. Nach dieser Technologie wird auch heute noch in allen Elektrostahlwerken geschmolzen. Wesentlich dabei war und ist, daß in der Raffinierperiode die Desoxydation durch eine ständig metalloxydfrei gehaltene Kalk-Flußspat-Schlacke, der sogenannten weißen Schlacke, bewirkt wird. Die Desoxydation erfolgt hierbei durch Diffusion der Metalloxydverbindungen aus dem Bad in die Schlacke, wobei zugleich auch die Entschwefelung mit vor sich geht. Diese Art der Desoxydation war damals gänzlich neu und konnte nur von einer Persönlichkeit eingeführt worden sein, die das Nernstsche Verteilungsgesetz vom Jahre 1891 kannte. In der Patentschrift ist der Name des Erfinders bedauerlicherweise nicht angeführt.

Das *Tiegelstahlverfahren*, wie es beispielsweise in Essen zur Ausgestaltung kam, auf welchem Werk bereits für die Wiener Ausstellung 1873 ein 52 t Block abgegossen wurde, ist nicht mehr behandelt worden. Es war früher auf deutschem Boden auch nur in Westdeutschland heimisch. In den Jahren von 1910 bis 1920 wurde es beim Baustahl aus wirtschaftlichen Gründen durch das Elektrostahlverfahren völlig ersetzt. Werkzeugstahl sowie Schnellschnittstahl werden in Westdeutschland nur noch in einigen wenigen Tiegelstahlschmelzen hergestellt.

II. Das Wachstum der Stahlproduktion im östlichen und westlichen Wirtschaftsraum

Nicht nur die Elektroöfen und die SM-Öfen vergrößerten ihre Kapazität; das gleiche war auch bei den Konvertern der Fall. Der Inhalt der Konverter beträgt heute rd. 30 t und geht sogar bis 60 t. Hierdurch wurde den Stahlwerken von Rheinland-Westfalen, wo die Produktion von Westdeutschland zu etwa 85% liegt, die Möglichkeit gegeben, daß Westdeutschland 1958 noch die dritte Stelle in der Welt als Stahlerzeuger nach den USA sowie nach der Sowjetunion, knapp vor England, einnimmt [22]. Die Stahlproduktion von Westdeutschland, einschließlich der des Saargebiets mit 3,5 Mill. Tonnen, beträgt zur Zeit 26,5 Mill. Tonnen gegen rd. 22 Mill. Tonnen von England, während Frankreich mit rd. 14 Mill. Tonnen nur 54% der Stahlmenge von Westdeutschland erzeugt. Die Stahlproduktion der USA lag 1953, 1955 bis 57 bei rd. 100 Mill. Tonnen jährlich, ging aber 1958 um rd. 20 Mill. zurück. Denselben Rückschlag von rd. 20 Mill. hatte die amerikanische Stahlproduktion bereits einmal im Jahre 1954 sowie 1938. Ihre Kapazität betrug 1954 bis 1958 rd. 115 Mill. Tonnen, woraus sich ergibt, daß ein gewisser Höchststand in der Produktion von rd. 100 Mill. Tonnen erreicht zu sein scheint, da ja auch die Niedrigstzahlen für 1954 und 1958 zu berücksichtigen sind.

Aus den Zahlen der Flußstahlerzeugung der anderen Länder des westlichen Wirtschaftsraumes, also der Montanunion, jedoch auch mit England zusammen, ohne die USA, ergibt sich mit rd. 75 Mill. Tonnen jährlich, eine praktisch gleichbleibende Produktion für die Jahre 1955 bis 1958. Die Gesamtproduktion des westlichen Gesamtwirtschaftsraumes ist mithin zur Zeit mit 175 Mill. Tonnen Stahl gegeben.

Die neuesten Zahlen der Stahlerzeugung der Welt sind Juni 1960 von R. DURRER [23], dem Professor für Metallurgie an der Eidgenössischen polytechnischen Hochschule, in der Fachzeitschrift „Stahl u. Eisen" veröffentlicht worden. Für den westlichen Wirtschaftsraum gab er an für 1958: 168 Mill. Tonnen und für 1959: 184 Mill. Tonnen, im Mittel der beiden Jahre also 176 Mill. Tonnen, in Übereinstimmung also mit der eigenen Zahl von 175 Mill. Tonnen. Für den östlichen Wirtschaftsraum gab er an für 1958: 82 Mill. Tonnen und 1959: 90 Mill. Tonnen. Die eigenen Unterlagen ergeben für 1958: 81 Mill. Tonnen, so daß die Zahlen in Übereinstimmung sind. Die Stahlerzeugnung für die Sowjetunion betrug 1958: 55 Mill. Tonnen und für China 8 Mill. Tonnen.

Der Unterschiedsbetrag für 1958 zwischen den beiden Wirtschaftsräumen ergibt sich mithin zu 93 Mill. Tonnen. Die USA benötigte 60 Jahre, um von ihrem Erzeugungsstand von 10 Mill. Tonnen im Jahre 1900 auf ihren heutigen Stand zu kommen, entsprechend einer jährlichen Steigerung von 1,5 Mill. Tonnen.

Bei dem östlichen Wirtschaftsraum stieg die Stahlerzeugung von 1938 bis 1958 von 24 Mill. Tonnen auf 81 Mill. Tonnen, was eine jährliche Steigerung von 3 Mill. Tonnen ergibt. Falls bei dem östlichen Wirtschaftsraum diese jährliche Steigerung von 3 Mill. Tonnen weiter bestehen bliebe, so wäre der Unterschiedsbetrag von 93 Mill. Tonnen Stahl gegenüber dem westlichen Wirtschaftsraum in rd. 30 Jahren kompensiert. Nach den neuesten Zahlen in Stahl u. Eisen, Juli 1960, S. 974, würde sich für den östlichen Wirtschaftsraum auf Grund der Pläne bis 1965 sogar eine jährliche Steigerung von 6 Mill. Tonnen Stahl ergeben, so daß, falls die Stahlerzeugung im wesentlichen Wirtschaftsraum nicht im selben Maße stiege wie die im östlichen Wirtschaftsraum, eine Einholung ersterer durch letztere in einem erheblich näheren Zeitraum bereits eintreten würde.

Den gemachten Ausführungen über die Produktionsverhältnisse auf dem Stahlgebiet des westlichen und östlichen Wirtschaftsraumes füge ich folgende Betrachtung von R. DURRER [23] bei:

> „In der westlichen Welt eilt die Erweiterung der Leistungsfähigkeit dem wirklichen Verbrauch voraus und führt dementsprechend immer wieder Rückschläge herbei.
>
> In der östlichen Welt wird vorläufig wohl die Eisenerzeugung weiterhin steigen. Die Entwicklung in diesem Gebiet dürfte auf lange Sicht — wenn nicht eine grundlegende Änderung eintritt — wesentlich durch China beeinflußt werden. Das gewaltige Gebiet (ungefähr so groß wie Europa mit fast einem Viertel der Weltbevölkerung) ist sehr reich an Kohle und wohlhabend (wenn nicht reich an Eisenerz). Die stofflichen Voraussetzungen für eine starke Erhöhung der Erzeugung sind gegeben und sicherlich auch der Wille, dies zu tun.
>
> Der Prozeß des östlichen Vorrückens vollzieht sich ganz allmählich; um ihn voll zu erfassen, muß er über eine längere Zeitspanne betrachtet werden."

Jedenfalls ist in den USA die Sachlage erkannt worden. „Man glaubte", so heißt es im Journal of Metals, Juli 1959, „im Jahr 1975 mit einer verfügbaren Ofenkapazität von 180 Mill. Tonnen rechnen zu können. Dann kam das Jahr 1958 mit 77 Mill. Tonnen gegenüber den 100 Mill. Tonnen der Jahre 1955, 56 und 57 und brachte das Erwachen".

Die über die Stahlproduktion des östlichen und westlichen Wirtschaftsraumes gemachten Ausführungen basieren im wesentlichen darauf, daß eine nennenswerte Steigerung weder im westeuropäischen Raum noch in den USA weiter vor sich gehen würde. Begründet würde dies durch die wiedergegebenen Äußerungen einerseits von R. Durrer, dem als Professor für Eisenhüttenkunde an der Eidgenössischen Hochschule zu Zürich eine bestimmte Sachkenntnis wohl nicht abgesprochen werden kann, und andererseits von amerikanischer Seite selbst.

In Abb. 1 wurde nun weiter nach K. Daeves [24] die Stahlentwicklung gezeigt, wie sie sich bei Holzkohlen-Frischeisen, Puddeleisen und Flußstahl etwa ab 1830 im Raum Rheinland-Westfalen zeigte. Aus der halblogarithmischen Darstellung ist zu ersehen, daß nach dem Kulminationspunkt der fallende Ast der Kurven praktisch spiegelbildlich dem steigenden Ast entspricht. Von Daeves wurde nun bei der Kurve für Flußstahl ein Kulminationspunkt etwa bei dem Jahr 1930 angenommen, wonach dann auch bei Flußstahl der absteigende Ast einsetzen würde. Wesentlich ist nicht das Jahr, sondern der Kulminationspunkt selbst[1]), und ein derartiger Kulminationspunkt läßt sich bei den USA, wie oben gezeigt, durch das Pendeln der Stahlproduktion um 100 Mill. Tonnen nicht ableugnen. Im Gegensatz hierzu ergibt sich aus Abb. 1 im Gebiet von Rheinland-Westfalen in dem Zeitraum von 1938 bis 1959 an Hand amtlicher Zahlen aber eine Steigerung der Stahlproduktion von rd. 15 Mill. Tonnen auf rd. 22 Mill. Tonnen. Wird dieser Teil der Kurve verlängert, so ergibt sich für die Jahre 1972 bis 1975 eine Erzeugung bzw. ein Verbrauch von rd. 24 Mill. Tonnen. Da die Produktion in Rheinland-Westfalen rd. 85% der Gesamtproduktion von Westdeutschland beträgt, so würden sich für Westdeutschland für die Jahre 1972 bis 1975 eine Erzeugung bzw. ein Verbrauch von rd. 28 Mill. Tonnen Stahl ergeben.

Aus den Ausführungen in Stahl u. Eisen, welche die langfristigen Entwicklungen und Probleme der europäischen Stahlindustrie nach einer Ausarbeitung des Sekretariats der europäischen Wirtschaftskommission [25], Genf 1959, wiedergeben, wird für die Bundesrepublik in den angegebenen Jahren von 1972 bis 1975 ein Verbrauch von 36 Mill. Tonnen an Hand einer mit dem Jahr 1872 beginnenden logarithmischen Gleichung errechnet. Hieraus dürfte sich an Hand zweier unabhängiger Stellen die Wahrscheinlichkeit einer Produktion von 32 $\pm$ 12,5% Mill. Tonnen für Westdeutschland für die Jahre 1972 bis 1975 ergeben. Durch diese als genügend zu bezeichnende Übereinstimmung der von zwei unabhängigen Stellen für Westdeutschland ermittelten Produktionszahlen könnte den in der angeführten Betrachtung des Sekretariats der europäischen Wirtschaftskommission für die weiter dann noch angegebenen Schätzungen von vornherein eine bestimmte Beweiskraft nicht abgesprochen werden.

Werden nun die Produktionszahlen für 1972 bis 1975 für den westlichen Wirtschaftsraum zusammengezählt, so ergibt sich eine Produktion von 138 Mill. Tonnen Stahl. Für die USA wird die Erzeugung mit 147 Mill. Tonnen Stahl angegeben, *eine Zahl, mit deren Erreichung nicht gerechnet werden kann.*[2]) Für den gesamtwestlichen Wirtschaftsraum, einschließlich

[1]) Nach H. Schenck (Handelsblatt — die technische linie, Düsseldorf, vom 7. 11. 1958) soll der Überschreitung des Kulminationspunktes durch die unter Anwendung der Sauerstoffmetallurgie hergestellte Stahlmenge entgegengewirkt werden, so daß die Daevessche Kurve keine Aussage über die voraussichtliche Stahlentwicklung an sich gäbe. Dies steht jedoch nicht mit den eigenen Ausführungen von Daeves (St. u. E. **69** (1949) S. 317) in Übereinstimmung. Hier werden von Daeves sowohl die Kurve für Steinkohlenförderung als auch für Rohstahlerzeugung gebracht, wobei es wie folgt heißt: „Aus anderen Langzeit-Gesetzmäßigkeiten läßt sich entnehmen, daß für die Vereinigten Staaten von Amerika und die westeuropäischen Staaten in der weiteren Entwicklung kein größerer Anstieg mehr zu erwarten ist."

[2]) 1960 betrug die Stahlerzeugung der USA 90 Mill. Tonnen (St. u. E. **81** (1961) S. 266) gleich 66,8 % der Leistungsfähigkeit.

Kanada mit 12 Mill. Tonnen, würde die von Genf geschätzte Produktion 297 Mill. Tonnen betragen.

Für den östlichen Wirtschaftsraum, einschließlich China, wird eine Produktionswahrscheinlichkeit von 205 Mill. Tonnen angegeben, so daß der Unterschied zwischen dem östlichen Wirtschaftsraum und dem westlichen Wirtschaftsraum, einschließlich der USA, nach wie vor, wie anfangs angegeben, mit rd. 90 Mill. Tonnen zugunsten des gesamtwestlichen Wirtschaftsraumes bestehen bliebe, trotz der Produktion der UdSSR von 117 Mill. Tonnen und von China mit 52 Mill. Tonnen für den Zeitraum von 1972 bis 1975.

Die eigene graphische Extrapolation der halblogarithmischen Kurve der Jahre 1938 bis 1960 ergab für den angeführten Zeitraum von 1972 bis 1975 für die UdSSR eine Produktion von 120 Mill. Tonnen und für 1965 eine solche von 80 Mill. Tonnen gegen die im Plan vorgesehene von 91 Mill. Tonnen, was ein Mittel von 85 $\pm$ 6% Mill. Tonnen ergibt. Dieser 1965 an sich noch geringe Unterschied von 11 Mill. Tonnen ist aber nicht in der Lage, über die ständige Ausweitung der Stahlproduktion des östlichen Wirtschaftsraumes hinweg zu täuschen. In spätestens 30 Jahren dürfte die Stahlerzeugung des östlichen Wirtschaftsraumes die des westlichen, einschließlich der USA, eingeholt bzw. überholt haben.

Nach D. Zauleck („Neue Hütte" (1961) Heft 1, S. 2/4), sowie nach dem von ihm angegebenen 1960 erschienenen Buch des Direktors des Weltwirtschaftsinstitutes in Kiel, F. Baade: „Der Wettlauf zum Jahre 2000" soll[1]) die Stahlerzeugung des östlichen Wirtschaftsraumes die des westlichen, einschließlich der USA, bereits 1975, d. h. in 15 Jahren, eingeholt bzw. überholt haben. Es scheint nun belanglos, ob dieses Einholen bzw. Überholen in 15 oder 30 Jahren erfolgen wird. *Allein von schicksalhafter Bedeutung ist, daß dieses Ein- bzw. Überholen unter Wahrung des Friedens vor sich geht.*

III. Die wissenschaftliche Forschung bei der Stahlherstellung

Es ist nicht möglich, wegen der Fülle des Materials die wissenschaftliche Betätigung auf dem Erzeugungsgebiet des Stahl insgesamt zur Darstellung zu bringen. Es soll nur gezeigt werden, wie sich die wissenschaftliche Forschung auf einem der Teilgebiete der Stahlerzeugung entwickelte. Es wird hier das Wort „entwickelte" und nicht das Wort „auswirkte" gebraucht, denn die zu bringenden wissenschaftlichen Ergebnisse haben mit Ausnahme der wissenschaftlichen Untersuchung über das Verhalten des Mangans, auf das noch näher eingegangen werden wird, den praktischen Betrieb bis jetzt nicht gefördert. Ohne Zweifel wirken sich eine ganze Reihe von Erkenntnissen, die sich aus den neueren Arbeiten der metallurgischen Grundlagenforschung ergeben, zur Zeit noch nicht aus. Aber es dürfte für die Grundlagenforschung auf metallurgischem Gebiete genau dasselbe gelten wie für die Grundlagenforschung auf anderen Gebieten, daß die Erkenntnisse derselben erst zu einem späteren Zeitpunkt für die Praxis in Erscheinung treten.

Die folgenden Ausführungen beschränken sich im wesentlichen auf das Konverterverfahren, denn dieses hat in der letzen Zeit im Vordergrund des Interesses gestanden, weil es gelungen ist, damit Stähle derselben Güte wie SM-Stähle herzustellen. Durch Erhöhen des Sauerstoffgehaltes des Windes beim Blasen auf 30 bis 38% konnte der Stickstoffgehalt des Stahls von über 0,012% auf 0,006 bis 0,010% gedrückt werden. Wesentlich ist hierbei die Temperatur der Nachblasperiode. W. Eilender und W. Roeser [26] führten auf der

[1]) Siehe S. 236 (Gerhard Stalling Verlag, Oldenburg (Oldb) und Hamburg).

Maximilianshütte in Rosenberg 1936 und 1938 je eine Versuchsreihe von 18 und 20 Chargen durch, wobei der Sauerstoffgehalt des Windes auf 35% gesteigert wurde. Der Stickstoffgehalt ging bei der ersten Versuchsreihe von 0,0113% auf 0,0085% zurück und bei der zweiten Versuchsreihe von 0,0156% auf 0,0127%, also um 0,0028 und 0,0029%. Die Endtemperatur der 1936 verblasenen Chargen betrug 1515 °C und die der 1938 verblasenen Chargen 1570 °C, wobei mithin die relativen prozentualen Abnahmen des Stickstoffs 25 und 19% betrugen. Wird die Temperatur der Nachblasperiode richtig eingehalten, so läßt sich durch Blasen mit einem Gemisch von Wasserdampf und 50% Sauerstoff der Stickstoffgehalt sogar auf 0,002% bis 0,004% herabmindern. Dieselben niedrigen Stickstoffgehalte wurden auch mit dem Aufblasverfahren mit 98,5% Sauerstoff erhalten.[1]) Wird mit dem Sauerstoff zugleich Kalkstaub eingeblasen, wie dies bei dem belgischen COP-Verfahren der Fall ist — wobei C = Chaux bedeutet, O = Oxygène und P = Poudre —, so kommt der Phosphorgehalt aller Chargen unter 0,045% P und bei 75% sogar unter 0,026—0,030% zu liegen [27].

Wenn auch bereits C. E. STROMEYER [28] 1909 in einem Vortrag anläßlich der Frühjahrsversammlung des Britischen Iron and Steel Institutes den herabmindernden Einfluß des Stickstoffs auf die Zähigkeit bei weichem Stahl als 5fach so stark wie den des Phosphors angab, was auch vor einigen Jahren erneut bestätigt wurde, so hat sich doch die sogenannte *Trennbruchempfindlichkeit* des üblichen Thomasstahls als abhängig von dessen *Phosphorgehalt* gezeigt. Eigene Erfahrungen auf Grund von Ende der vierziger Jahre durchgeführter Untersuchungen an Demontagematerial, nachdem immer wieder Fälle von Reißen beim Fallen der Träger, beim autogenen Schneiden und Nietlochbohren aufgetreten waren, gaben Veranlassung den Phosphorgehalt dieses Materials auf 0,100% zu begrenzen, und hieraus folgernd die Chargenanalyse von Thomasstahl auf 0,060% P. Dieser Thomassonderstahl wurde in den fünfziger Jahren auf der Maxhütte in Unterwellenborn erblasen, bis er auch hier durch den mit Sauerstoffzugabe erblasenen Konverterstahl abgelöst wurde.

Immerhin wurden Mitte 1951 aus dem Thomassonderstahl der Maxhütte zwei große genietete Helling-Kabelkrananlagen mit je 3000 t Stahlverbrauch errichtet, die ohne Schaden die Kälte von — 30 °C der Monate Januar und Februar 1956 überstanden. Eine dieser Helling-Krananlagen wird von Abb. 5 wiedergegeben.

Das Verhalten des Stickstoffs beim Thomasverfahren wurde im wesentlichen durch eine Arbeit geklärt, die 1919 am Anfang des jetzigen Max-Planck-Institutes [29] stand, so daß im folgenden eingehender nur das Verhalten des *Phosphors* und des *Mangans* behandelt werden soll.

Schon bei der Behandlung des sauren Konverterverfahrens wurde darauf hingewiesen, daß der Chemiker SNELUS Eisenproben beim Blasverlauf entnahm, um Einblick in den Prozeß zu erhalten. Ähnlich wurden auf den Eston-Werken einige der im basischen Konverter verblasenen Chargen verfolgt. Im englischen Fachschrifttum ist wohl diese Angabe vorhanden, aber Originalkurven konnten nicht aufgefunden werden. Aus diesem Grunde ist in Abb. 6 der Verlauf einer von A. LEDEBUR in der 1908 erschienenen 5. Auflage seines Handbuches der Eisenhüttenkunde veröffentlichten in Peine 1888 erblasenen Charge wiedergegeben. Die Temperatur dieser Charge war bei dem Nachblasen höher gewesen, als die einer von ihm gleichfalls wiedergegebenen Charge, welche den sogenannten „*Manganbuckel*" kaum zeigte. Dieser Mangananstieg wurde in der Folge größtenteils immer wieder beim Nachblasen nach der zweiten Kalkzugabe festgestellt, wie dies auch von H. WEDDING [30] 1890 an Hand von drei am 16. 3. 87 erblasenen Chargen gezeigt wurde. Vor der zweiten Kalkzugabe betrug der Mangangehalt jeweils 0,19, 0,24 und 0,24%. Nach dieser Zu-

[1]) Die DEMAG baut bereits für das LD-Verfahren Tiegel mit einem Inhalt von 175 Tonnen und DAVY-ASHMORE hat für dasselbe Verfahren für Australien zwei Tiegel von 200 Tonnen im Auftrag.

Abb. 5. Helling-Kabelkrananlage Wismar Seeportal in Nietkonstruktion (3000 t-Thomassonderstahl mit $P \geq 0{,}060\%$)

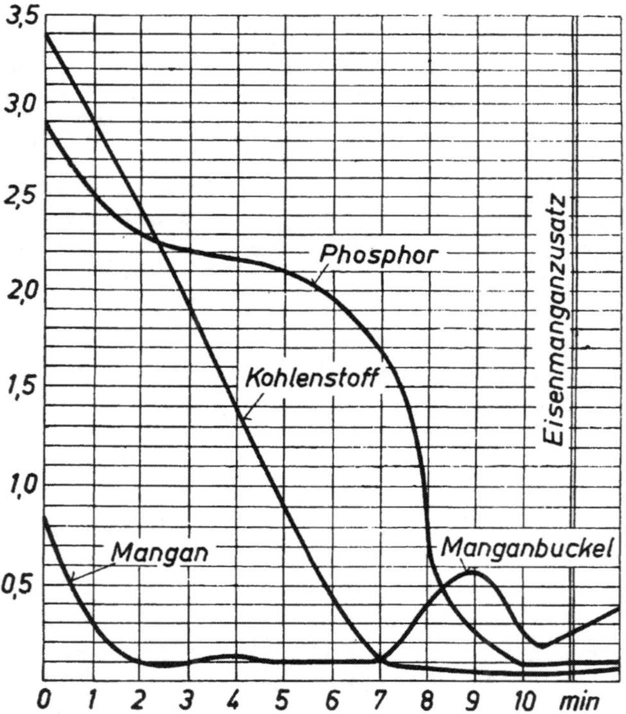

Abb. 6. Verblasen einer Thomascharge in Peine 1888 nach A. LEDEBUR

gabe stieg der Mangangehalt auf 0,62, 0,81 und 0,79% an. Diese Manganreduktion sollte nach J. E. Stead [31] durch den Phosphor des Stahlbades bewirkt werden. Den Nachweis, daß Phosphor in Gestalt von Eisenphosphid in der Lage sei, Mangan aus MnO zu reduzieren, wurde im Jahre 1893 wenigstens im qualitativen Sinne von Stead erbracht. Er mengte 100 Teile Eisenphosphid mit 20 Teilen MnO im feingepulverten Zustand zusammen und brachte das Gemenge in einem mit Kalk ausgefutterten Tiegel auf hohe Temperatur. Das reduzierte Mangan hätte mit dem oxydierten Phosphor des Eisenphosphids nach der Reaktionsgleichung

$$2\,[P] + 5\,(MnO) \rightleftharpoons 5\,[Mn] + (P_2O_5) + 96{,}560\ \text{kcal} \qquad (1)$$

in Verbindung stehen müssen, was aber an Hand der für den Phosphor vor und nach dem Versuch angegebenen Zahlen von 12,38 gegenüber 10,10% und des reduzierten Mangans von 3,24% sich nicht nachweisen läßt. Wenn sich auch aus der angeführten Gleichung (1) ergibt, daß auf Grund des Massenwirkungsgesetzes ein höherer Gehalt an Mangan im Bad der Entphosphorung hemmend gegenübersteht, was auch mit der Praxis in Übereinstimmung ist, so treten doch bei der Erörterung der Temperaturabhängigkeit der Gleichung Schwierigkeiten auf, die durch widersprechende Angaben aus der Praxis bedingt sind. Gleichung (1) ist mit + 96,560 kcal endotherm und würde demnach nach dem le Chatelier-Braunschen Satz durch Temperaturerhöhung begünstigt, d. h., daß ein höherer Mangangehalt in Erscheinung träte, aber auch ein höherer (P_2O_5)-Gehalt. Wird im nachfolgenden erst einmal von dem Verhalten des Phosphors abgesehen, so stehen sich in der Praxis aber doch in bezug auf das Mangan zwei Ansichten gegenüber. B. Osann sagte in seinem 1921 erschienenen Band 2 seines Lehrbuches der Eisenhüttenkunde folgendes: „Heißgehende Schmelzen enthalten am Schluß viel Mangan". Diese Angabe entspricht der bereits bei dem Manganbuckel von Ledebur gemachten Feststellung. Im Gegensatz hierzu zog 1941 R. Frerich [32], der damalige Leiter des Thomaswerks des Dortmund-Hörder-Hüttenvereins, aus einer größeren Betriebsreihe seines Werks bei der Herstellung von Preßmuttereisen den Schluß, daß „die höhere Temperatur für die Nichtausbildung des Manganbuckels ausschlaggebend sei", d. h., daß der Mangangehalt beim Thomasverfahren bei tieferer Blastemperatur höher läge.

Dies würde der allgemeinen Ansicht, daß auch beim Thomasprozeß das Mangangleichgewicht nach der Reaktion:

$$[Mn] + (FeO) \rightleftharpoons (MnO) + [Fe] - 28{,}750\ \text{kcal} \qquad (2)$$

gilt, völlig widersprechen. Dieser Widerspruch fällt fort, wenn der beim Preßmutterblasen einzuhaltende niedrige Mangangehalt nicht dem Einfluß der höheren Temperatur, sondern, wie dies bereits Wedding im umgekehrten Sinne zeigte, dem hierbei mit Absicht niedrig gehaltenen (CaO)-Gehalt der Schlacke zugeschrieben wird. Dies würde dann bedeuten, daß die Temperaturabhängigkeit der Gleichung (1) nicht mehr zur Erörterung stünde.

Es wäre aber nicht nur vom wissenschaftlichen, sondern auch vom praktischen Standpunkt aus sehr zu begrüßen, wenn die Gleichung

$$2\,[P] + 5\,(MnO) \rightleftharpoons 5\,[Mn] + (P_2O_5) + 96{,}560\ \text{kcal} \qquad (1)$$

eine entsprechende experimentelle Bearbeitung erführe und weiter die Bildungswärme des MnP_3 bestimmt würde.

Die von Stead gegebene Erklärung des Manganbuckels durch Reduktion des Manganoxyduls der Schlacke schlossen sich an: H. v. Jüptner (1904), A. Ledebur (1908), F. Wüst (1908) sowie B. Osann (1921).

Für eine gleichzeitige Reduktion des Mangan- sowie Eisenoxyduls sprachen sich aus: E. Herzog (1921), F. Körber und G. Thanheiser (1932) sowie H. Schenck (1934).

Die Mitwirkung des Phosphors beim Zustandekommen des Manganbuckels lehnte W. HEIKE [33] 1921 ab, welcher zur Erklärung des Manganbuckels die bereits angeführte Reaktionsgleichung

$$[Mn] + (FeO) \rightleftharpoons (MnO) + [Fe] \quad (2)$$

heranzog ohne aber seine Ansicht belegen zu können. Zum Manganbuckel äußerte sich 1943 R. DURRER in seiner „Metallurgie des Eisens" S. 527 wie folgt:

„Mit steigender Temperatur und dementsprechend zunehmender Reaktionsfähigkeit des Kalks tritt dieser an Stelle von Manganoxydul in das Silikat ein, da Silizium und Mangan zuerst verbrennen und Mangansilikat als Schlacke bilden. Auf diese Weise wird Manganoxydul frei, was zu einer Vergrößerung des Nenners in der Gleichung

$$(K) = \frac{[Mn]\,(FeO)}{(MnO)} \quad (2a)$$

führt, wodurch der Manganbuckel entsteht".

Bereits 1933 sagten hierzu P. BARDENHEUER und G. THANHEISER [34] auf Grund ihrer Arbeit: „Weitere Untersuchungen über den metallurgischen Verlauf des Thomasverfahrens" folgendes:

„Die Änderung des Schlackencharakters hat eine Rückwanderung des Mangans aus der Schlacke ins Bad zur Folge".

Aus den Versuchsergebnissen von BARDENHEUER und THANHEISER einerseits und aus früheren Versuchsergebnissen von E. HERZOG [35] aus dem Jahre 1921 andererseits läßt sich zeigen, daß das Mangan im Bade mit dem (CaO)-Gehalt der Schlacke gekoppelt ist.

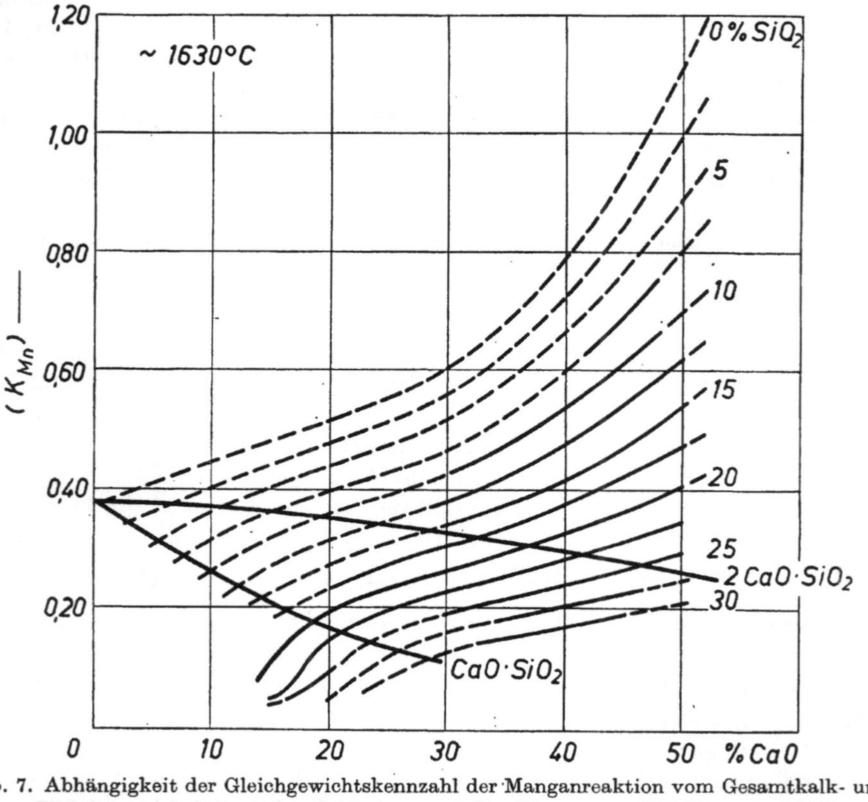

Abb. 7. Abhängigkeit der Gleichgewichtskennzahl der Manganreaktion vom Gesamtkalk- und Kieselsäuregehalt basischer Schlacken nach ED. MAURER und W. BISCHOF (1932)

Einem Steigen und Fallen der (CaO)-Gehalte in der Schlacke vom niedrigsten Mangangehalt des Bades an entspricht gleichfalls einem Steigen und Fallen des Mangans im Bade und dies bei BARDENHEUER und THANHEISER in 10 von 11 Fällen und bei HERZOG in 11 von 12 Fällen. Bei beiden Versuchsreihen entspricht dem Manganbuckel ein (CaO)-Höchstwert in der Schlacke. Dieses gegenseitige Verhalten des Mangans im Bade und des Kalks in der Schlacke entspricht den erstmalig 1932 von *mir* und W. BISCHOF [36] auf Grund einer großen Anzahl von gleichzeitig genommenen Schlacken- und Stahlproben sowohl bei SM- wie bei Thomas-Chargen in einem Nomogramm gezeigten Zusammenhang, wie dies von Abb. 7 wiedergegeben wird.

Aus den angeführten Versuchsunterlagen von BARDENHEUER und THANHEISER läßt sich weiter entnehmen, daß wohl dem Abfall des Phosphors im Bade ein entsprechendes Ansteigen des (P_2O_5)-Gehaltes in der Schlacke gegenübersteht, daß aber der Manganbuckel zeitlich später liegt und dies um 60 bis 90″. Aus Versuchen des Jahres 1941 bei zwei von TH. KOOTZ [37] verfolgten Chargen ergibt sich, wie aus Abb. 8 hervorgeht, ein Zeitunterschied von 42 und 54″. Wenn auch im Gegensatz hierzu bei den von HERZOG mitgeteilten Versuchsergebnissen der Manganbuckel mit einem Niedrigstwert von (MnO) und (FeO) in der Schlacke zusammenfällt, so kann doch dies auf Grund der gemachten Ausführungen kein Beweis dafür abgeben, daß der Manganbuckel durch die durch den [P] des Bades bewirkte Reduktion des (Mn) aus der Schlacke *in jedem Falle* bewirkt würde.

1934 wurde dann von H. SCHENCK und W. RIESS [38] an Hand von formelmäßigen Berechnungen das Mangangleichgewicht auch unter Einbeziehung des THOMAS-Verfahrens behandelt. Die Dissertation RIESS stand SCHENCK bereits früher zur Verfügung, so daß er

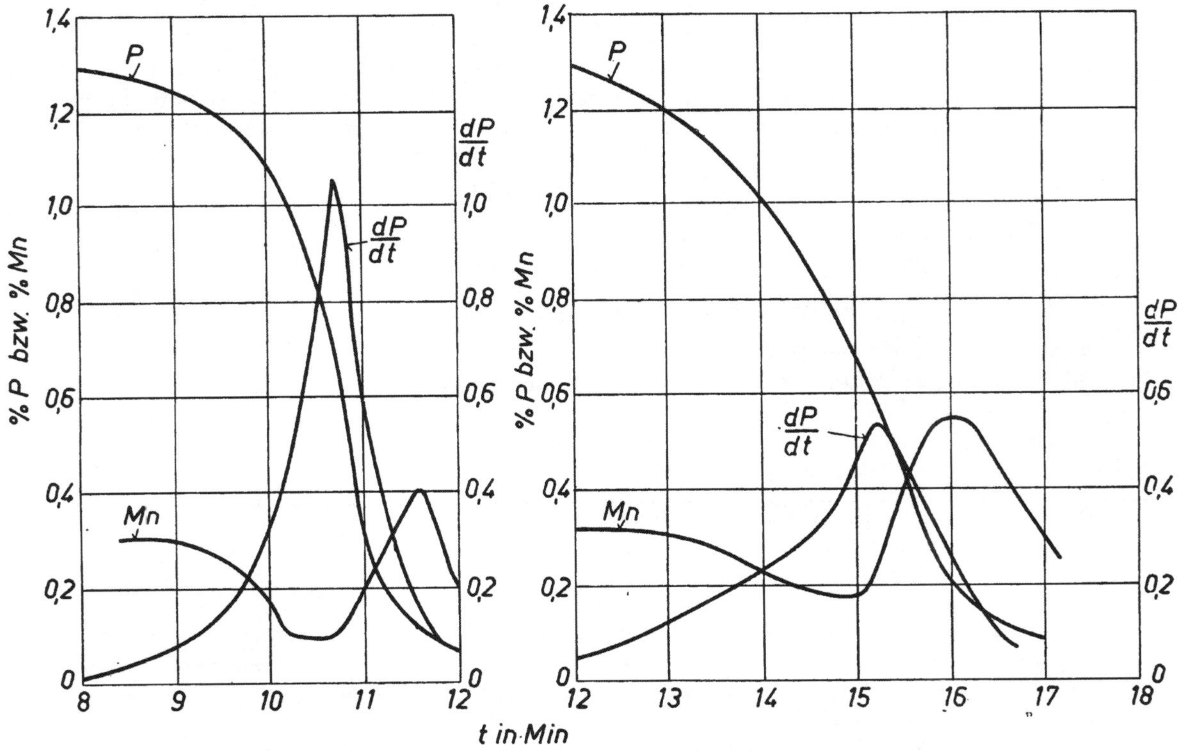

Abb. 8. Auswertung des Manganbuckels in bezug auf die stärkste Verbrennungsgeschwindigkeit des Phosphor. P-Mn-Kurven nach TH. KOOTZ (1941)

in der Lage war, im zweiten Band seines in demselben Jahr erschienenen Buches: „Physikalische Chemie der Eisenhüttenprozesse“ auf S. 130/31 die beiden Verfahren, das graphische wie das Berechnungsverfahren, an Hand derselben Unterlagen zum Thomasprozeß nachzuprüfen. Bei 29 betriebsmäßig festgestellten Mangangehalten gab das Verfahren MAURER-BISCHOF Übereinstimmung in 17 Fällen und die Berechnungsweise SCHENCK-RIESS in 7 Fällen, entsprechend einer Übereinstimmung von 60 und 24%. Der Wert des graphischen Verfahrens von MAURER-BISCHOF lag aber weniger darin, Mangangehalte im Bad oder in der Schlacke ohne besondere Berechnung ermitteln zu können als darin, *daß über das Verhalten des Mangans beim Schmelzen restlose Klarheit geschaffen wurde* und daß dadurch insbesondere der SM-Stahlwerker in die Lage versetzt wurde, die Oxydation und Reduktion des Mangans während des Schmelzens eindeutig zu beherrschen.

Wenn hierbei die Gleichgewichtskennzahl

$$(K_{Mn}) = \frac{[Mn] \cdot (FeO)}{(MnO)} \quad \text{bzw.} \quad \frac{(MnO)}{(FeO)\,[Mn]}$$

gesetzt wird, so hat diese Kennzahl mit der Gleichgewichtskonstanten des Massenwirkungsgesetzes nur noch *„formale Ähnlichkeit“*; sie wird aus diesem Grunde auch als Gleichgewichtskennzahl bezeichnet, die auch noch vom (CaO)- und (SiO_2)-Gehalt der Schlacke abhängig ist. Schlacke und Bad werden hierbei zusammengehalten durch den NERNSTschen Verteilungssatz. Unabhängig hiervon besteht aber auch das reine System, dessen Temperaturabhängigkeit experimentell 1932 sowohl von F. KÖRBER und W. OELSEN [39] wie, wenn auch weniger eingehend, von W. KRINGS und H. SCHACKMANN [40], als auch 1950 von J. CHIPMAN, J. R. GERO und TH. B. WINKLER [41] ermittelt wurde. Die Reaktionsisochore von KRINGS und SCHACKMANN lautet nach KÖRBER und OELSEN [40]: $\log (K_{Mn}) = \frac{7280}{T} - 3{,}503$ und gibt Werte zwischen KÖRBER und OELSEN sowie CHIPMAN, GERO und WINKLER.

Für die Temperatur von 1600° C errechnen sich an Hand der für die Isochore angegebenen Ausdrücke entsprechend

$$(K_{Mn}) = \frac{(MnO)}{(FeO) \cdot [Mn]} \tag{2b}$$

die Gleichgewichtskennzahlen:

für KÖRBER — OELSEN	2,00
und für CHIPMAN — GERO — WINKLER	3,00,

falls Fe = 100 mit in die Gleichgewichtskennzahl einbezogen wird. Der bestehende Unterschied ergibt sich deutlicher, wenn aus der experimentell von CHIPMAN ermittelten Temperaturgleichung

$$\log (K_{Chip.}) = + \frac{6440}{T} - 2{,}95 \tag{2c}$$

die Temperatur für die nach der oben aus der Temperaturgleichung von KÖRBER und OELSEN:

$$\log (K_{K/Oe}) = + \frac{6234}{T} - 3{,}0263 \tag{2d}$$

sich ergebende Gleichgewichtskennzahl von 2,00 errechnet wird, da ja von CHIPMAN die angegebene Konstante von 3,00 für 1600 °C festliegt. Mit der Konstanten von KÖRBER und OELSEN gleich 2,00 ergibt sich nach CHIPMAN eine Temperatur von 1700 °C. Der Unterschied gegenüber CHIPMAN beträgt mithin 100 °C.

Wenn auch die CHIPMANschen Werte experimentell richtiger liegen mögen, als die von KÖRBER und OELSEN, so zeigt sich aber an Hand seiner auf Grund thermodynamischer

Daten entwickelten theoretischen Formel, daß hier ein Fortschritt gegenüber der von meinem Mitarbeiter W. Bischof [42] 1932 angegebenen Formel nicht zu verzeichnen ist. Die Chipmansche theoretische Formel lautet:

$$\log (K'_{\text{Chip.}}) = + \frac{6440}{T} - 2{,}82 \tag{2e}$$

und die von Bischof angegebene:

$$\log (K'_{\text{M/B}}) = - \frac{7044}{T} + 7.176 \cdot 10^{-4}\, T + 2 \tag{2f}.$$

Aus diesen beiden Formeln ergeben sich bei 1600 °C die Kennzahlen zu 4,0 und 0,40. Da $(K'_{\text{M/B}}) = \left(\frac{1}{K'_{\text{Chip.}}}\right)$ ist, entspricht der letzte Wert der Chipmanschen Kennzahl von 2,5. An Hand der von Chipman gegebenen experimentellen Formel errechnen sich hieraus Temperaturen von 1530 und 1650 °C gegenüber der tatsächlichen von 1600 °C, d. h., die Temperaturunterschiede betragen — 70 und + 50 °C.

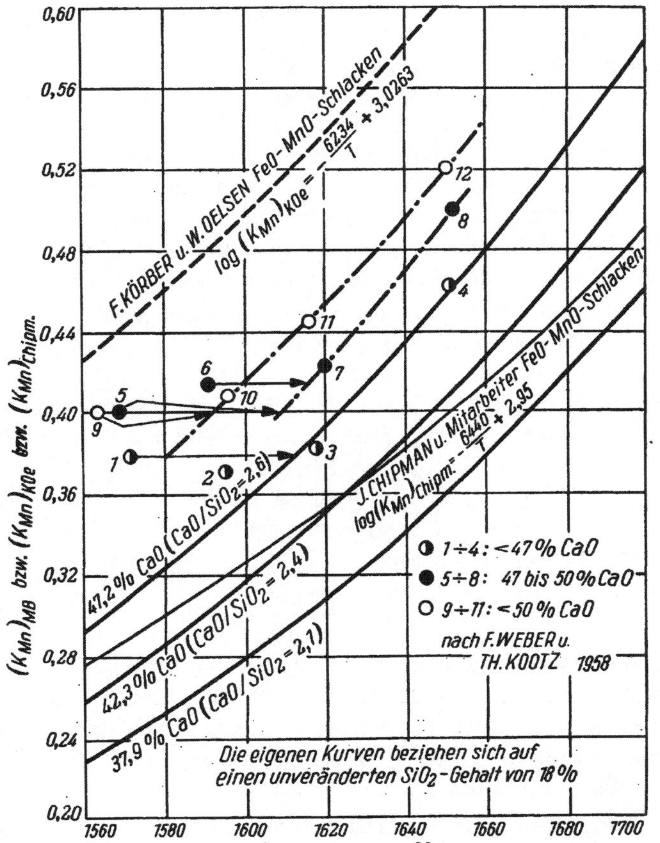

Abb. 9. Die Gleichgewichtskennzahl $(K_{\text{Mn}})_{\text{M/B}}$ in Abhängigkeit von der Temperatur und vom Basengrad bei SM-(1953) und Thomas-Chargen (1958). Nach Ed. Maurer und K. F. Lüdemann (1953). Zum Vergleich sind die von F. Körber und W. Oelsen (1932) sowie von J. Chipmann, J. R. Gero und Th. B. Winkler (1950) für das reine System angegebenen Gleichgewichtskurven mit eingezeichnet

Um vollständig zu sein, sei noch angeführt, daß 1949 W. LANGE [43] gleichfalls eine auf thermodynamischen Unterlagen erarbeitete Formel veröffentlichte, die inmitten des Streubereichs der von KÖRBER angegebenen experimentell erhaltenen Werte liegt, so daß ersichtlich sein dürfte, daß *die thermodynamischen abgeleiteten Formeln nicht in der Lage sind, über die Richtigkeit von Versuchswerten auf dem Gebiete der Stahlherstellung zu entscheiden.*

Die tatsächlichen Verhältnisse werden durch Abb. 9 wiedergegeben. In diesem Bild ist sowohl die Temperaturkurve des Mangangleichgewichts nach KÖRBER-OELSEN des Jahres 1932 wie nach CHIPMAN und Mitarbeiter des Jahres 1950 eingezeichnet. Die dick wiedergegebenen Kurven entsprechen den Temperaturkurven, wie sie 1953 von *mir* und K.-F. LÜDEMANN [44] auf Grund von zahlreichen von letzterem verfolgten SM-Schmelzen sich ergaben. Die strichpunktiert wiedergegebenen Temperaturkurven stellen die Übertragung von 12 Werten dar, wie sie 1958 von F. WEBER und TH. KOOTZ [45] der Thyssenwerke, Hamborn, in Zusammenhang mit der Temperaturkurve des reinen Mangansystems von KÖRBER und OELSEN veröffentlicht wurden. Es handelt sich um je vier Proben aus drei Schmelzreihen mit (CaO)-Gehalten von 47 bis 50%, unter 47 und über 50%. Diese Angaben wurden auf den eigenen Ausdruck für die Mangangleichgewichtskennzahl nach $\frac{(K_{\mathrm{Mn}})_{\mathrm{K/Oe}}}{100} = \frac{1}{(K_{\mathrm{Mn}})_{\mathrm{M/B}}}$, wie bereits angegeben, umgerechnet.

Aus Abb. 9 ist deutlich die Abhängigkeit der Gleichgewichtskennzahl vom (CaO)-Gehalt der Schlacke zu erkennen. Und zwar wächst die Gleichgewichtskennzahl mit steigendem (CaO)-Gehalt der Schlacke. Hierbei liegen die Zahlen der Thomasschlacken mit einem (CaO)-Gehalt unter 47% ober- und unterhalb der eigenen Kurve. Die Kurve der Thomasschlacken mit einem (CaO)-Gehalt über 50% verläuft kongruent und oberhalb der eigenen Kurve von 47,2% (CaO). Sämtliche Gleichgewichtskennzahlen der acht bei und oberhalb 1590 °C liegenden Schlacken liegen wie zu erwarten gewesen wäre. Die Gleichgewichtskennzahlen der vier unterhalb 1590 °C liegenden Schlacken sind zu hoch.

Im Anschluß hieran wurde bei der Erstbearbeitung der vorliegenden Abhandlung die Frage aufgeworfen, ob die Forderung nach einer Neubearbeitung des reinen Mangangleichgewichts zu stellen sei.

Diese Frage fand durch die im Januar-Heft 1961 des „Archivs für das Eisenhüttenwesen" durch W. A. FISCHER und H. J. FLEISCHER veröffentlichte Arbeit: „Die Manganverteilung zwischen Eisenschmelzen und Eisen(II)-oxyd-schlacken im MnO-Tiegel bei 1520 bis 1770° C" ihre Erledigung. Ihr Ergebnis ist, daß die Versuche von CHIPMAN und Mitarbeitern ihre Bestätigung fanden. In der angeführten Veröffentlichung wird die Gleichung der Reaktionsisochore angegeben zu:

$$\log (K_{\mathrm{Mn}}) = + \frac{7110}{T} - 3,375 \,. \tag{2g}$$

Insgesamt ergeben sich an Hand der für das Mangangleichgewicht gebrachten Gleichungen der Reaktionsisochore mit dem Ausdruck (2 b) der Gleichgewichtskennzahl für 1600 und 1700° C die in Tabelle 1 angegebenen Gleichgewichtskennzahlen und die rückwärts hieraus nach CHIPMAN errechneten Temperaturen. Damit diese Zusammenstellung als vollständig gelten kann, müssen noch angeführt werden:

1. Die Versuchsergebnisse von D. C. HILTY und W. CRAFTS aus dem Jahre 1950 [54] bei 1550, 1600 und 1650° C sowie
2. die von A. M. SAMARIN aus dem Jahre 1959 [53] bei 1600° C.

Erstere verzichteten auf die Berechnung einer Gleichung für die Reaktionsisochore und gaben die Ergebnisse ihrer Versuche in Form von Kurven wieder, aus denen die gelösten Sauerstoffgehalte in Gegenwart steigender %-Gehalte von Mangan zu entnehmen sind.

Letzterer gab eine derartige Kurve nur für 1600° C an. Wie aus Abb. 10 zu entnehmen ist, decken sich hierbei beide Kurven praktisch.

Nach CHIPMAN lassen sich nun an Hand dieser Angaben rückwärts die Gleichgewichtskennzahlen errechnen. Einmal ist

$$(K_{Mn}) = \frac{(MnO)}{(FeO) \cdot [Mn]}$$

und weiter ist

$$L_0 = [O]/(FeO),$$

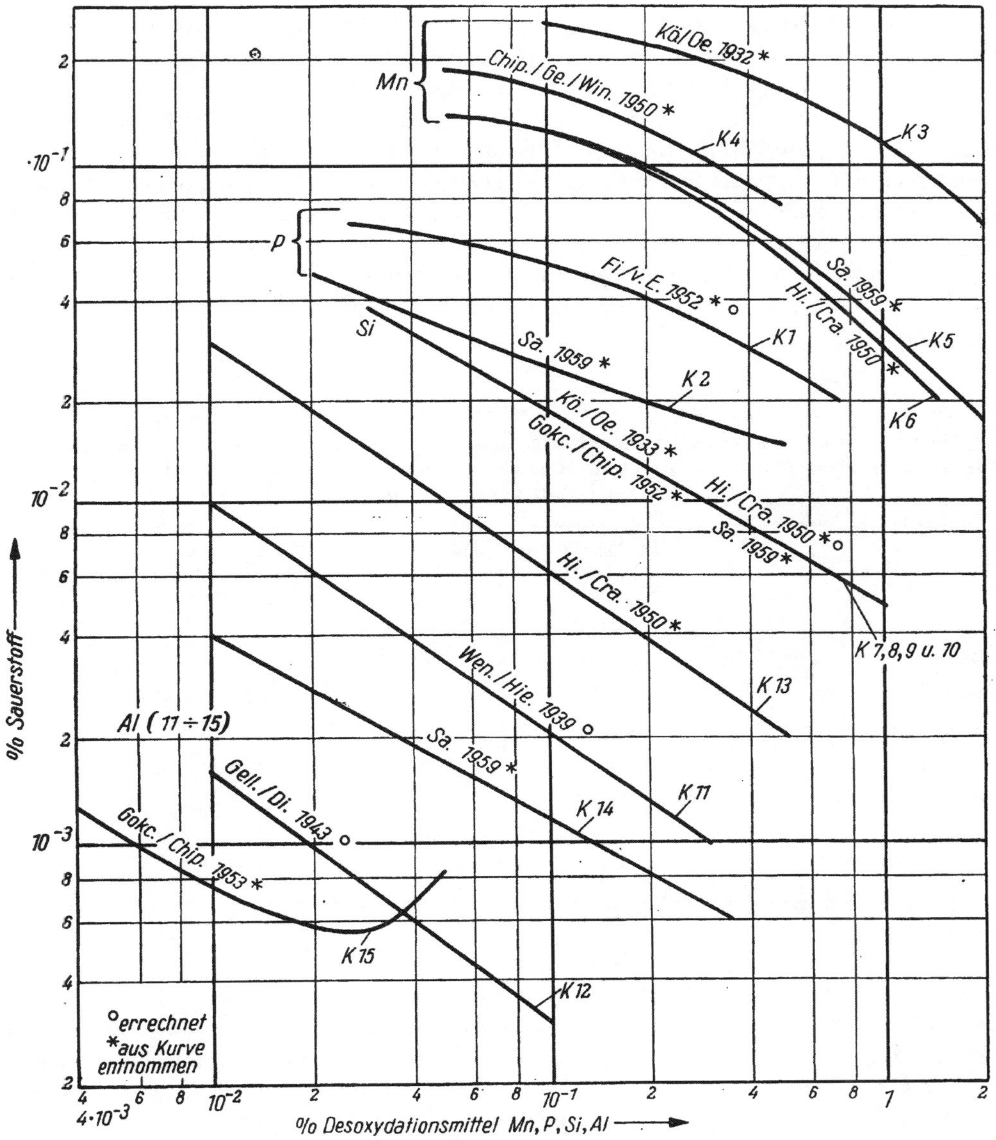

Abb. 10. Abhängigkeit des Gehaltes an Rest-Sauerstoff vom Gehalt des Desoxydationsmittels

wobei dieses Verhältnis von CHIPMAN in der öfters angeführten Veröffentlichung in Abhängigkeit des Mangangehaltes in Form einer Kurve wiedergegeben ist. In derselben Veröffentlichung ist nach CHIPMAN weiter

$$[O] = L_0/(1 + (K_{Mn})\,[Mn])$$

unter Beachtung, daß (FeO) + (MnO) = 1 ist. Hieraus ergibt sich

$$(K_{Mn}) = \frac{L_0 - [O]}{[O] \cdot [Mn]}. \tag{3}$$

Auf die CHIPMANschen Versuche angewandt, ergibt sich bei 1600° C, bei einem [Mn]-Gehalt von 0,2%, einem [O]-Gehalt von 0,14% und $L_0 = 0{,}23$ ein $(K_{Mn}) = 3{,}2$. Bei 0,1% [Mn] und dem entsprechenden [O]-Gehalt von 0,175% ergibt sich (K_{Mn}) gleichfalls zu 3,2 gegen 3. Bei einer Temperatur von 1700° C, einem [Mn]-Gehalt von 0,6% und einem [O]-Gehalt von 0,15%, sowie $L_0 = 0{,}34$ ergibt sich (K_{Mn}) zu 2,1 gegen 2.

Aus der Kurvenschar von HILTY und CRAFTS wird dann bei 1600° C bei einem [Mn]-Gehalt von 0,2% ein [O]-Gehalt von 0,10% entnommen. L_0 ist erneut gleich 0,23. Hieraus errechnet sich (K_{Mn}) zu 6,5. Bei einem [Mn]-Gehalt von 0,50% beträgt der [O]-Gehalt 0,05%, L_0 bleibt gleich, so daß sich (K_{Mn}) zu 7,2 ergibt, als Mittel mithin 6,8. Wird mit $(K_{Mn}) = 6{,}8$ an Hand der CHIPMANschen Gleichung für die Reaktionsisochore die entsprechende Temperatur errechnet, so ergibt sich eine solche von 1430° C. HILTY und CRAFTS sowie SAMARIN fallen mithin völlig aus dem Rahmen der Ergebnisse der anderen Bearbeiter des Mangangleichgewichts heraus.

Tabelle 1

Vergleich der verschiedenen Gleichgewichtskennzahlen der *Mangan*-Reaktion und der an Hand der entsprechenden Reaktionsisochoren daraus errechneten Temperaturen mit den nach der Reaktionsisochore von J. CHIPMAN errechneten.

Name	Jahr	Gleichgewichtskennzahl 1600 °C	Temperatur °C nach CHIPMAN	Gleichgewichtskennzahl 1700 °C	Temperatur °C nach CHIPMAN
CHIPMAN	1950	3	1600	2	1700
FISCHER/FLEISCHER	1961	2,66	1640	1,68	1760
KRINGS/SCHACKMANN	1932	2,44	1660	1,54	1790
KÖRBER/OELSEN	1932	2	1700	1,36	1820
HILTY/CRAFTS	1950	6,8	1430	—	—
SAMARIN	1959	wie H/CR.	wie H/CR.	—	—

Um zu dem *Phosphor-Gleichgewicht*

$$2\,[P] + 5\,(FeO) \rightleftharpoons (P_2O_5) + 5\,[Fe] - 47{,}190\ \text{kcal} \tag{4}$$

zurückzukommen, so beschäftigten sich hiermit 1933 BISCHOF und *ich* [46] und stellten fest, daß das System dem Massenwirkungsgesetz nicht folgt. Eine Gleichgewichtskonstante mit dem Exponenten 2 für die Phosphor-Konzentration war nicht zu errechnen, jedoch eine Gleichgewichtskennzahl mit dem Exponenten 1 für den Phosphor. Unabhängig hiervon war 1935 mein Mitarbeiter BISCHOF [47] wieder zu einer graphischen Darstellung gekommen, die Abb. 11 zeigt. In dieser Abbildung ist der Einfluß des (CaO)- und des (SiO_2)-Gehaltes der Schlacke, der Einfluß des (Al_2O_3)-Gehaltes derselben und der Einfluß des

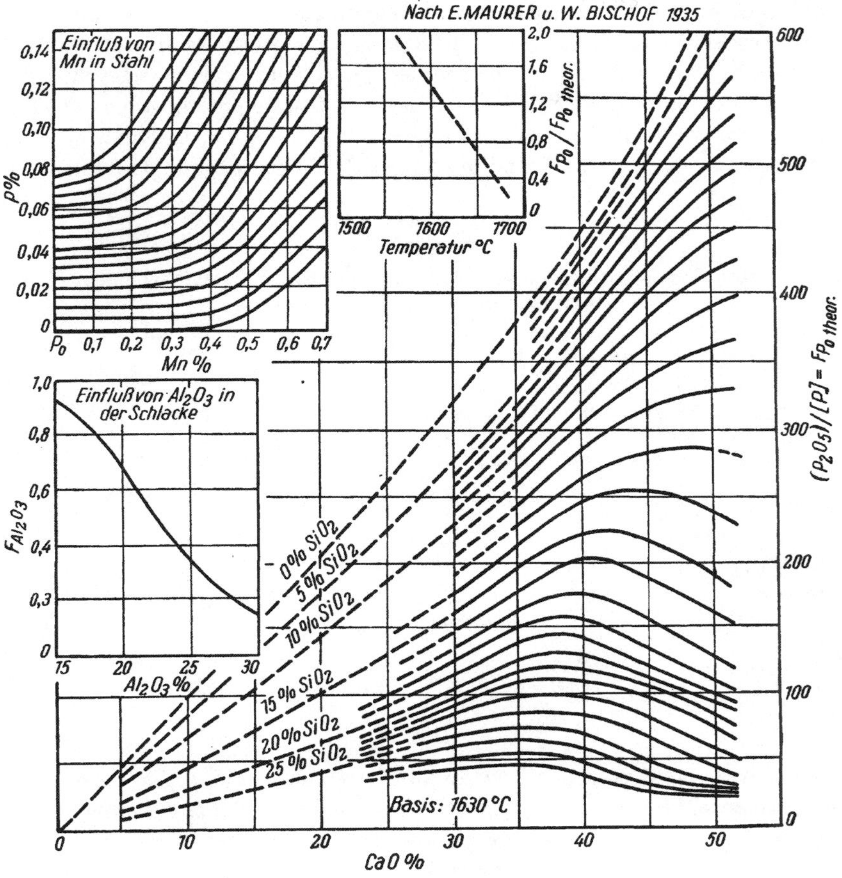

Abb. 11. Verteilung von Phosphor zwischen Stahl und Schlacke

[Mn] im Stahl sowie der Temperatur auf die Verteilung des Phosphors auf Bad und Schlacke zur Darstellung gebracht. Auf Grund der bereits erwähnten eigenen Feststellung, daß der Exponent von P nicht 2, sondern 1 sei, formulierten H. Schenck und W. Riess 1934 und eingehender 1935/36 [38] unter Anwendung des Tetrakalkphosphats[1]) ihre Gleichgewichtskennzahl zu

$$\log(K) = \log \frac{[P] \cdot (FeO)^5 \cdot (CaO)^4}{(P_2O_5)} + 0{,}060\,(P_2O_5) \tag{5}$$

und deren Temperaturabhängigkeit zu

$$\log(K) = -\frac{51800}{T} + 35{,}05\,. \tag{6}$$

Tabelle 2 bringt eine Zusammenstellung, wie sie 1945 im Journal of the Iron and Steel Institute erschien. Diese Zusammenstellung zeigt die Abweichungen der von verschiedenen Seiten erhaltenen Phosphorgehalte gegenüber den analytisch bestimmten. In der Gesamtabweichung sind die beiden letztangeführten Verfahren gleich. Das eigene Verfahren hatte

[1]) Im Gegensatz hierzu siehe: W. Oelsen und H. Maetz (Arch. Eisenhüttenwesen 19 (1948) S. 115): „- - - -, daß die Phosphorsäure zu ihrer Bindung in der flüssigen Schlacke nur 3 Mol CaO benötigt."

hierbei wohl den Vorteil, keine negativen Abweichungen zu geben, aber auch so war die maximale Abweichung von 0,019% P zu hoch, um als wirklich quantitativ zu gelten.

Um nun zu einer formelmäßigen Darstellung der eigenen Versuchsergebnisse über die Entphosphorung der Jahre 1933, 1935 sowie erneut 1944 zu kommen, wobei der Exponent 2 der P-Konzentration beizubehalten war, wurde anstatt der (P_2O_5)-Konzentration deren errechnete Aktivität gesetzt, auf Grund des von G. N. LEWIS 1922 gemachten Vorschlages.

Tabelle 2

Unterschied zwischen errechneten und tatsächlichen Phosphorgehalten zusammengestellt von Y. K. ZEA 1945

Name	Stärkste positive Abweichung %	Stärkste negative Abweichung %	Abweichungsmittel %	Gesamtabweichung %	Anzahl der Beispiele
J. H. WHITELEY 1922/23	0,020	0,003	0,010	0,023	29
H. HRETY 1926	0,027	0,003	0,012	0,030	29
ED. MAURER und W. BISCHOF 1935	0,019	nicht vorhanden	0,006	0,019	15
H. SCHENCK und W. RIESS 1936	0,018	0,001	0,005	0,019	29

In meinem Vortrag [48] vom 14. 7. 50, anläßlich der Übernahme der Leitung des Eisen-Forschungsinstitutes Hennigsdorf, berichtete ich sowohl über die angeführten Versuche als auch über die Berechnung dieses Korrekturkoeffizienten. *Irgend eine neue Erkenntnis wurde durch diese Berechnung nicht erhalten.*

Bei der Reaktionsgleichung

$$2\,[P] + 5\,[O] + 4\,(CaO) \rightleftharpoons (4\,CaO \cdot P_2O_5) \qquad (7)$$

wurden 1946 von JOHN CHIPMAN, dem Leiter der metallurgischen Abteilung am Massachusetts Institute of Technology und von dessen Mitarbeiter TH. B. WINKLER [49] erstmalig eingehend, wenn auch nicht abschließend, der Ersatz der Konzentrationen durch die Aktivitäten der Reaktionsteilnehmer erörtert, ohne daß aber in ihrer Gleichgewichtskennzahl die Aktivitäten zum Ausdruck kamen. Bei dieser Arbeit wurden 11 Schmelzen, zu jeweils 65 kg, mit 98 Eisen- und Schlackenentnahmen durchgeführt, deren Zusammensetzungen

an:	CaO	SiO_2	Fe	MgO	P_2O_5	MnO
bis:	41,90	40,34	52,0	30,38	19,17	34,93%

gingen bei einem P-Gehalt der Stahlproben bis rd. 0,3% und Temperaturen von 1530 bis 1730 °C. Die praktischen Schlußfolgerungen, die CHIPMAN u. WINKLER aus ihrem ausgedehnten Versuchsmaterial zogen, gehen nicht über die üblichen, bereits früher bekannten qualitativen Formulierungen hinaus, wie diese sich an Hand des Ausdrucks der Gleichgewichtskennzahl bei der Kalkentphosphorung ergeben, und wie dieselben beispielsweise dem 1930 erschienenen Lehrbuch: „Leçons de Sidérurgie" von A. D'AURIAC-ESTOUR entnommen werden können.

In Übereinstimmung hiermit führten CHIPMAN und WINKLER aus, daß die Entphosphorung durch folgende Faktoren begünstigt wird:

1. fallende Temperatur
2. gesteigerten (FeO)-Gehalt der Schlacke
3. höhere Basizität der Schlacke infolge
   a) eines höheren (CaO)-Gehaltes
   b) eines höheren (MgO)-Gehaltes
   c) eines höheren (MnO)-Gehaltes
   d) eines geringeren (SiO_2)-Gehaltes.

Die Arbeit von CHIPMAN und WINKLER ist demnach, trotz der daran verwandten erheblichen Mühe und Zeit, auf das praktische Moment bezogen, ohne ein wirkliches Ergebnis geblieben. Weiter ist es sehr bedauerlich, daß CHIPMAN und WINKLER keine Zusammenfassung der wissenschaftlichen Ergebnisse ihrer Arbeit brachten.

Der Grund, weswegen die Entphosphorungsgleichung dem Massenwirkungsgesetz nicht entspricht, wurde 1941 von W. OELSEN und H. MAETZ [50] in dem von ihnen gefundenen besonderen Verhalten der Phosphatschlacken gegenüber Eisenoxydul angenommen. Diese mischen sich nämlich nach deren Feststellung nicht unbegrenzt, sondern bilden eine Mischungslücke. 1948 [50] teilten beide als Ergebnis eines bei 1600 °C in einem Beryllium-Oxyd-Tiegel mit einem Gemisch aus Weicheisenspänen, Eisenoxyduloxyd und Trikalkphosphat durchgeführten Versuchs mit, wobei sie bei einem [P]-Gehalt der Eisenschmelze von 0,3% die Zusammensetzung der Oxydulschicht mit: 6% CaO, 1,5% P_2O_5 und 85% FeO angaben und die Zusammensetzung der Phosphatschicht mit 45% CaO, 40% P_2O_5 und 15% FeO.

Ganz neuerdings haben H. VOM ENDE und G. MAHN [51] der metallurgischen Betriebsabteilung der Mannesmann A.-G., Hüttenwerk Huckingen, die Entmischung der Phosphatschlacken im Konverter selbst nachgewiesen durch Anwendung von geringen Kalksätzen und Ausscheidung der SiO_2 durch Vorblasen des Roheisens und Abziehen der anfänglichen Silikatschlacke.

CHIPMAN und WINKLER [49] legten ihren Berechnungen den [P]-Gehalt mit dem Exponenten 2 zugrunde. So entstand deren Temperaturgleichung

$$\log (K) = \frac{71667}{T} - 28{,}73 \tag{8}$$

für die Gleichgewichtskennzahl der Entphosphorungsreaktion. Von ihnen wurden folgende Gleichgewichtskennzahlen angegeben:

Temperatur °C	1500	1600	1700
(K):	5×10^{11}	3×10^{9}	4×10^{7}
nachgerechnet:	(5×10^{11})	$(2{,}95 \times 10^{9})$	$(3{,}9 \times 10^{7})$.

In einer gleichartigen Veröffentlichung des Max-Planck-Institutes vom Jahre 1952 von W. A. FISCHER und H. VOM ENDE [52], bei welcher etwa 100 Schmelzen zu je 1 kg bei Temperaturen von 1530 bis 1690 °C durchgeführt wurden, jedoch ohne zusätzliche Heizung der Schlacke wie bei CHIPMAN und WINKLER, wird für die Temperaturabhängigkeit der Entphosphorungskennzahl unter Anwendung der Konzentrationen und des Exponenten 2 für [P] folgende Gleichung angegeben:

$$\log (K) = \frac{53000}{T} - 19{,}4\,. \tag{9}$$

Hieraus errechnen sich folgende Kennzahlen:

Temperatur °C	1500	1600	1700
$(K_{F/E})$	$0{,}3 \times 10^{11}$	$0{,}75 \times 10^{9}$	$2{,}90 \times 10^{7}$.

In die Gleichung (7) von CHIPMAN-WINKLER eingesetzt wurden folgende Temperaturen erhalten:

1577 °C 1637 °C 1710 °C.

Die Übereinstimmung der Temperaturen für 1600 und insbesondere für 1700 °C zwischen den beiden Veröffentlichungen dürfte als eine genügende anzusehen sein, wenn die Versuchsschwierigkeiten bei diesen hohen Temperaturen in Betracht gezogen werden.

Man kann nun die Reaktionsgleichung

$$2\,[P] + 5\,(FeO) \rightleftharpoons (P_2O_5) + 5\,[Fe] \qquad (10)$$

nicht nur in bezug auf die Oxydation des Phosphors, sondern auf die Reduktion des [FeO] in dem Stahlbad ansehen, d. h., daß dann der *Phosphor als Desoxydationsmittel* in Erscheinung treten würde. Aus der oben angeführten Veröffentlichung des Max-Planck-Institutes [52] ist eine Kurve zu entnehmen, welche die Beziehung zwischen dem [P]- und dem [O]-Gehalt bei 1600 °C einer Reihe von Versuchsschmelzen wiedergibt. Abb. 10 zeigt diese Kurve (K 1), die im doppeltlogarithmischen Maßstab aufgetragen ist gegenüber der Kurve des Originals im linearen Maßstab. Die einer Veröffentlichung von A. M. SAMARIN, zuerst 1959 in russischer Sprache, dann 1960 in deutscher Sprache [53] erschienen, entnommene Kurve (K 2) ist gleichfalls eingetragen und liegt unterhalb der erstangeführten. Bei der erstangeführten Kurve sind 0,2% [P] im Gleichgewicht mit 0,04% [O] und bei letzterer bei 0,02% [O].

Beide [P]-Kurven liegen unterhalb der entsprechenden Kurven für *Mangan*. Hierzu sind vier Kurven in Abb. 11 angegeben:

Kurve (K 3) von KÖRBER—OELSEN (1932),
Kurve (K 4) von CHIPMAN, GERO und WINKLER (1950),
Kurve (K 5) von SAMARIN (1959),
Kurve (K 6) von HILTY und CRAFTS (1950).

Diese Kurven, sowie die neueste von FISCHER und FLEISCHER, wurden oben eingehend auf ihre Temperaturabhängigkeit behandelt.

Im Gegensatz zu den Mn-Kurven liegen die Kurven für *Silizium*, welche 1933 von KÖRBER und OELSEN [55] (K 7) und 1950 von HILTY und CRAFTS [54] (K 8) sowie 1952 von GOKCEN und CHIPMAN [56] (K 9) und 1959 von SAMARIN [53] (K 10) veröffentlicht wurden, praktisch zusammen. Bei 0,2% Si beträgt der hiermit im Gleichgewicht sich befindende [O]-Gehalt 0,012% und bei 0,05% Si 0,026%. Die entsprechenden Gleichgewichtskennzahlen bei 1600° C sind hierbei folgende: $3{,}6 \cdot 10^{-5}$, $3{,}0 \cdot 10^{-5}$, $2{,}8 \cdot 10^{-5}$ sowie $3{,}2 \cdot 10^{-5}$. Die ersten drei dieser Gleichgewichtskennzahlen wurden einer von GOKCEN und CHIPMAN in deren Veröffentlichung [56] gebrachten Zusammenstellung der Originalwerte der betreffenden Bearbeiter entnommen. Die letzte Gleichgewichtskennzahl wurde im vorliegenden als Mittel von 2,9 und 3,4 aus den in Abb. 11 wiedergegebenen Kurven (K 7—10) zu entnehmenden Konzentrationen der beiden Reaktionsteilnehmer Si und $[O_2]$ errechnet. GOKCEN und CHIPMAN selbst bringen *keine Gleichung*, welche die experimentell bestimmte Temperaturabhängigkeit der Gleichgewichtskennzahlen wiedergibt, sie geben die Reaktionsisochore auf Grund der Aktivitäten wieder. HILTY und CRAFTS führten für ihre experimentell erhaltenen Werte folgende Temperaturgleichungen an:

$$\log (K) = \log \%\,Si \cdot \%\,[O]^2 = -\frac{18050}{T} + 5{,}10\,. \qquad (11)$$

Hieraus ergibt sich als Gleichgewichtskennzahl bei 1600 °C: $3{,}0 \cdot 10^{-5}$.

Die von Körber und Oelsen angegebene Reaktionsisochore lautet wie folgt: $\log (K^{s}_{[Si]}) = -\frac{19057}{T} + 11{,}1008$ (12). Hierbei ist $(K^{s}_{[Si]}) = (FeO)^2 \cdot [Si]$ und bei 1600° C gleich 8,2. Da $(FeO) = \frac{[O]}{L_s}$ ist, wobei der Sauerstoffverteilungskoeffizient L_s nach Körber und Oelsen 0,0021 beträgt, so ist $(K^{s}_{[Si]}\,[O_2]) = [Si] \cdot [O]^2 = (K^{s}_{[Si]}) \cdot L_s{}^2 = 3{,}6 \cdot 10^{-5}$.

Der von Gokcen und Chipman angegebenen Gleichung für die Reaktionsisochore liegen Aktivitäten zugrunde. Dieselbe lautet

$$\log K_{1\ \mathrm{G/Chip.}} = -\frac{32000}{T} + 12{,}29\,. \tag{13}$$

Bei 1600 °C ergibt sich nach dieser Gleichung die thermodynamische Gleichgewichtskonstante zu $1{,}6 \cdot 10^{-5}$ gegenüber der oben angeführten und von Chipman selbst angegebenen von $2{,}8 \cdot 10^{-5}$ bei Anwendung von Konzentrationen.

Es wurde dann noch in Stahl u. Eisen **80** (1960) S. 301 von S. Matoba, K. Gunji und T. Kuwana folgende Reaktionsisochore für die Gleichgewichtskennzahl angetroffen:

$$\log (K_3') = -\frac{30410}{T} + 11{,}59 \tag{14}$$

und für die Gleichgewichtskonstante unter Berücksichtigung der Aktivitäten

$$\log K_3 = -\frac{30080}{T} + 11{,}45\,. \tag{15}$$

Bei 1600 °C ergeben sich hieraus die Gleichgewichtskennzahl zu $2{,}2 \cdot 10^{-5}$ und Gleichgewichtskonstante zu $2{,}5 \cdot 10^{-5}$.

Beim *Aluminium* gehen im Gegensatz zum Silizium die Kurven außerordentlich auseinander. So sind 0,05% Al zugeordnet:

bei W. Wentrup und G. Hieber (1939) [57]	0,0034% [O]	(K 11)
bei W. Geller und K. Dicke (1943) [58]	0,0005% [O]	(K 12)
bei D. C. Hilty und W. Crafts (1950) [59]	0,01% [O]	(K 13)
bei A. M. Samarin (1959) [53]	0,0018% [O]	(K 14)
bei N. A. Gokcen und J. Chipman (1953) [60]	0,00085% [O]	(K 15),

wobei dieser [O]-Gehalt bei K 15 auch einem Al-Gehalt von 0,01% noch zugeordnet ist, da von einem Al-Gehalt von 0,02% diese Kurve rückläufig wird. Die Gleichgewichtskennzahlen bei 1600 °C der ersten drei Bearbeiterkollektive sind hierbei folgende:

bei W. Wentrup und G. Hieber:	$1 \cdot 10^{-10}$	(K 11)
bei W. Geller und Dicke:	$3 \cdot 10^{-13}$	(K 12)
bei D. C. Hilty und W. Crafts:	$2{,}8 \cdot 10^{-9}$	(K 13).

Bei der Verschiedenheit der Gleichgewichtskennzahlen dürfte zur Genüge begründet sein, daß eine Überprüfung des Gleichgewichts einzusetzen hätte.

Den angeführten drei Gleichgewichtskennzahlen liegen Konzentrationen zugrunde, und sie wurden auf Grund der von den jeweiligen Bearbeitern angegebenen, auf experimentellen Werten beruhenden Reaktionsisochoren errechnet, welch letztere wie folgt lauten:

$$(\mathrm{K\ 11})\quad \log (K) = -\frac{71200}{T} + 27{,}98\,,$$

$$(\mathrm{K\ 12})\quad \log (K) = -\frac{58600}{T} + 18{,}90\,,$$

$$(\mathrm{K\ 13})\quad \log (K) = -\frac{58600}{T} + 22{,}75\,.$$

Bei SAMARIN (K 14) errechnet sich die Gleichgewichtskennzahl für einen Al-Gehalt von 0,05% mit dem aus der Kurve entnommenen [O]-Gehalt von 0,0018% zu $14{,}6 \cdot 10^{-12}$. Aus Abb. 11 ist weiter zu ersehen, daß die logarithmische Gerade von SAMARIN eine geringere Neigung hat als K 11, 12 und 13, d. h., daß bei SAMARIN eine mit der Konzentration gleichbleibende Gleichgewichtskennzahl nicht vorliegt. Rechnerisch ergibt sich hierzu folgende Übersicht:

Al-Gehalt	$1 \cdot 10^{-2}$	$4 \cdot 10^{-2}$	$5 \cdot 10^{-2}$	$2 \cdot 10^{-1}$
[O]-Gehalt	$4 \cdot 10^{-3}$	$2 \cdot 10^{-3}$	$1{,}8 \cdot 10^{-3}$	$8 \cdot 10^{-4}$
Gleichgewichtskennzahl	$6{,}4 \cdot 10^{-12}$	$12{,}8 \cdot 10^{-12}$	$14{,}6 \cdot 10^{-12}$	$20 \cdot 10^{-12}$.

Oben wurde bereits darauf hingewiesen, daß die Kurve (K 15), welche die Ergebnisse von GOKCEN und CHIPMAN wiedergibt, ab 0,02% Al einen rückläufigen Verlauf nimmt. Derselbe [O]-Gehalt von 0,0085% ist einmal einem Al-Gehalt von 0,01% zugeordnet und das andere Mal einem solchen von 0,05%. Hieraus errechnen sich die entsprechenden Gleichgewichtskennzahlen zu: $6 \cdot 10^{-14}$ und $12 \cdot 10^{-13}$. Bei einem Al-Gehalt von 0,005% errechnet sich bei dem [O]-Gehalt von 0,001% die Gleichgewichtskennzahl zu $2{,}5 \cdot 10^{-14}$. Bei diesem Al-Gehalt von 0,005% liegen nach GOKCEN und CHIPMAN die Sauerstoffgehalte bei Anwendung der Konzentrationen und bei Anwendung der Aktivitäten mit 0,001% praktisch zusammen, und es ist hierbei, wie angegeben, die Gleichgewichtskennzahl bzw. die Gleichgewichtskonstante: $2{,}5 \cdot 10^{-14}$. Diese Gleichgewichtskonstanze liegt zwischen den beiden von GOKCEN und CHIPMAN selbst angegebenen. Für die Aktivitäten gaben GOKCEN und CHIPMAN nämlich die Gleichung der Reaktionsisochore an zu:

$$\log K = -\frac{64000}{T} + 20{,}48\,. \tag{19}$$

Hieraus errechnet sich bei 1600 °C K zu $2 \cdot 10^{-14}$. Diesen Ausdruck änderten sie in ihrer Veröffentlichung von 1958 [61] um in

$$K = 3{,}6 \cdot 10^{-14}$$

$$\text{bei der geänderten Gleichung } \log K = -\frac{63500}{T} + 20{,}48\,. \tag{20}$$

An Hand der so durch die Aktivitäten festgelegten Gleichgewichtskonstanten lassen sich aber die Sauerstoffgehalte, welche mit gegebenen Al-Gehalten im Gleichgewicht sind, unmittelbar nicht mehr errechnen.

Mit den Aktivitäten anstelle der Konzentrationen hat also ein neuer Abschnitt bei der Anwendung der Physikalischen Chemie auf die Stahlherstellung begonnen. Es ergeben sich auf diese Weise wohl die dem MWG entsprechenden Gleichgewichtskonstanten, aber die hierdurch erhaltenen Zahlenwerte besagen nicht mehr, als wenn die Gleichgewichtskennzahlen durch die Konzentrationen ausgedrückt werden. Die Aktivitäten haben zur Zeit nur allein theoretisches Interesse zur weiteren Ausgestaltung der Physikalischen Chemie auf wissenschaftlicher Basis.

Zusammenfassung

Zu den Ausführungen, welche zu den drei Abschnitten des behandelten Themas gemacht wurden, ist festzustellen, daß zum Abschnitt: „Empirie bei der Stahlherstellung" kein neuer Beitrag geliefert wurde. Es wurde aber Stellung dagegen genommen, HENRY BESSEMER neuerdings als Metallurgen zu kennzeichnen, indem einige im deutschen Schrifttum nicht oder nur wenig bekannte Meinungsäußerungen englischer Stahlfachleute wiedergegeben wurden, die aber keineswegs das Ansehen von Bessemer als den großen Stahlwerkskonstrukteur abmindern. Auch in bezug auf Friedrich Siemens mußte unterstrichen werden, daß diesem die Priorität in bezug auf die Regenerativ-Feuerung nicht zukommt, was gleichfalls nicht im geringsten die große Bedeutung verringert, die Regenerativfeuerung im Ofen seines Bruders Wilhelm Siemens betriebsfähig gestaltet zu haben. Der neuerdings vom Siemens-Archiv geäußerten Auffassung, daß zwischen letzterem und Pierre Martin in bezug auf ihre beiderseitigen Stahlschmelzverfahren bestes Einvernehmen vorhanden gewesen wäre, wurde durch den Hinweis auf Veröffentlichungen früherer Siemens-Biographien entgegengetreten. Hierbei konnte darauf hingewiesen werden, daß auf Grund einer Mitteilung über die Gußstahlfabrik Essen das Stahlschmelzverfahren von Wilhelm Siemens sich dort gleichfalls nur negativ auswirkte. Bei der Behandlung des Herdofenverfahrens wurde dann etwas nachdrücklicher, als dies früher geschehen war, die Arbeit von A. Sudre unterstrichen, der als Ergebnis seiner Versuche den fugenlosen Herd zum Stahlschmelzen, ähnlich aufgestampft wie beim Schmelzen des Kupferrohsteins im Flammofen, als unbedingt erforderlich bezeichnete. Die Ausführungen des Abschnitts: „Empirie bei der Stahlherstellung“ zeigen, wie genügend bekannt, daß die betreffenden metallurgischen Verfahren von englischer und französischer Seite entwickelt wurden, es hätte aber beim Herdofenverfahren der metallurgische Prozeß nicht ohne den von Wilhelm und Friedrich Siemens geschaffenen Regenerativ-Ofen durchgeführt werden können. Es war wieder ein Engländer, Sidney Thomas, der die basische Ausfutterung schuf, ohne welche das Konverter- noch das Herdofenverfahren zur unbeschränkten Geltung hätte kommen können. Wenn auch die *Amerikaner* in konstruktiver Beziehung wichtige Beiträge zur Ausgestaltung der Stahlwerke geliefert haben, so sind ihre Beiträge in metallurgischer Richtung doch an Zahl geringer, wenn auch nicht weniger wichtig. Hier sei das *zentrale Gießen von großen Schmiedeblöcken* angeführt, das 1928 in der Gußstahlfabrik Essen von den *Bethlehem*-Stahlwerken übernommen und durch den *Bochumer Verein* in den letzten Jahren durch den Vakuumguß — DBP vom 29. 4. 1951 Nr. 866231, Kl. 31c, Gr. 12_{02} — vervollkommnet wurde.

Auch kommt den Amerikanern das Verdienst zu, die Anwendung von *Sauerstoff für die Stahlherstellung* sowohl im Elektro- wie im SM-Ofen betrieblich auf breiter Basis durchgeführt und eingehend in Veröffentlichungen bekanntgegeben zu haben. Dies ist von einem der drei bei der 100sten Tagung Deutscher Eisenhüttenleute 1960 als Pioniere auf diesem Gebiet geehrten Fachgenossen, dem November 1959 verstorbenen C. V. Schwarz, in den beiden Teilen seiner in der Radex-Rundschau 1949 erschienenen Veröffentlichung: „Zum heutigen Stand der Entwicklung des Frischens mit Sauerstoff im Siemens-Martin-Ofen und Elektrostahlofen“ gezeigt worden. Dem Aufblasverfahren von reinem Sauerstoff im basischen Konverter wurde im vorliegenden nicht nachgegangen, doch es sei hier angeführt, daß die Größe der hierbei angewandten Konverter schon bis zu 200 t gehen, während der größte übliche Blaskonverter bislang ein solcher von 60 t war. Hieraus, zusammen mit Siemens-Martin-Öfen über 500 t, dürfte ersichtlich sein, daß die Menge des abgegossenen *Massenstahls*, womit sich der zweite Abschnitt des vorliegenden Themas beschäftigt, für die Stahlerzeugung eines Landes von ausschlaggebender Bedeutung ist.

Im dritten Abschnitt wird die Anwendung der chemischen Gleichgewichtslehre auf die Stahlherstellung einmal durch das Konverterverfahren und das andere Mal durch das Herdofenverfahren behandelt. Es hat sich durch die vorliegende Arbeit erneut gezeigt, daß das metallurgische Verhalten von *Mangan* und *Phosphor* bei *beiden metallurgischen Verfahren* auch zahlenmäßig gleich ist. Dies Ergebnis wurde aber nicht auf Grund der Anwendung des Massenwirkungsgesetzes erhalten, sondern auf Grund einer nach dem sogenannten

Einengungsverfahren durchgeführten Auswertung einer großen Anzahl von Analysen des Fachschrifttums, sowie eigener die an Hand von gleichzeitig genommenen Stahl- und Schlackenproben durchgeführt worden waren, bei zu gleicher Zeit gemessenen Temperaturen, so daß nicht nur die Abhängigkeit der Gleichgewichtskennzahl vom (CaO)- *und* (SiO_2)-*Gehalt der Schlacke*, sondern darüber hinaus auch von der Temperatur festgestellt wurde. Der so erbrachte quantitative Nachweis des gleichen Verhaltens des *Mangans* bei beiden Verfahren, *dürfte wohl als Hauptergebnis der Bearbeitung angesprochen werden.* Im Gegensatz hierzu führte die Betrachtung der laboratoriumsmäßig durchgeführten Versuche zur Entphosphorungsreaktion nicht über die seit längerem aus dem Ausdruck für die Gleichgewichtskennzahl qualitativ abgeleiteten Schlußfolgerungen hinaus.

Die Entphosphorungsreaktion wurde umgekehrt auch als *Desoxydationsreaktion* betrachtet. In Übereinstimmung mit der Darstellung im sowjetischen Fachschrifttum wurde zahlenmäßig gezeigt, daß die Desoxydationswirkung des Phosphors, gleichfalls an Hand früherer deutscher Veröffentlichungen, die des Mangans übertrifft. An Hand des internationalen Fachschrifttums ergab sich, daß die laboratoriumsmäßig durchgeführten Versuche über die Desoxydationswirkung des *Siliziums* praktisch bei 1600 °C dieselbe zahlenmäßige Gleichgewichtskennzahl ergaben, während die für die Desoxydationswirkung des *Aluminiums* erhaltenen Gleichgewichtskennzahlen um einige Zehnerpotenzen voneinander verschieden sind.

Parallel hierzu wurden auch die *Aktivitäten* mit in die Betrachtung einbezogen, ohne jedoch daß diese gegenüber den *Konzentrationen* etwa Neues geboten hätten. Die Aktivitäten bleiben zur Zeit auf die theoretische Physikalische Chemie beschränkt. *Auf dem Gebiet der Stahlherstellung wird weiter die Empirie, d. h. die Erfahrung, maßgebend sein.*

Literaturverzeichnis

[1] JEANS, J. S., Steel, its history, manufacture, properties and uses. London 1880, S. 16.

[2—5] JOHANNSEN, O., Geschichte des Eisens. Düsseldorf 1953.

[6] BREARLEY, H., Steel-makers. London 1933, S. 121.

[7] HARBORD, F. W. and HALL, J. W., The Metallurgy of Steel. London 1923, S. 69.

[8] MUSHET, R., Englische Patentschriften Nr. 2219 u. 2220, A. D. 1956, vom 22. September.

[9] AKERMAN, R., Über das Bessemern in Schweden. St. u. E. **13** (1893) S. 920.
WAHLBERG, A., Einige Hauptzüge der Entwicklung der Eisenindustrie in Schweden. St. u. E. **17** (1897) S. 732.

[10] BESSEMER, H., Die Erfindung des Bessemerprocesses. St. u. E. **16** (1896) S. 341/47.
DICKMANN, H., Der Streit um Bessemer. Das Werk **6** (1926) S. 108/12, sowie: Zur Vor- und Frühgeschichte des Bessemerverfahrens. St. u. E. **76** (1956) S. 1022.

[11] HARBORD, F. W. and HALL, J. W., The Metallurgy of Steel. London 1923, S. 3 (The Bessemer Process).

[12] SUDRE, A., Mode de fusion de l'acier dans un four à réverbère. Annales des mines VI/1 (1862) S. 221/330.

[13] MAURER, ED. und BISCHOF, W., Zur geschichtlichen Entstehung des Herdofenverfahrens. St. u. E. **50** (1930) S. 477/84.

[14] VAN DEN BERG, H.-J., Die Brüder Friedrich und Wilhelm Siemens als Erfinder des Regenerativofens. St. u. E. **76** (1956) S. 1612/15.

[15] Anonym, Die Entwicklung der Gußstahlfabrik auf metallurgischem Gebiete. St. u. E. **32** (1912) S. 1340.

[16] HARBORD, F. W. and HALL, J. W., The Metallurgy of Steel. London 1923, S. 195 (Krupp's Dephosphorising Process).
[17] SNELUS, G. J., Englisches Patent Nr. 908 A. D. 1872.
[18] HARBORD, F. W. and HALL, J. W., The Metallurgy of Steel. London 1923, S. 79 (Chemistry of the acid Bessemer Process).
[19] HARBORD, F. W., The Thomas-Gilchrist Basic Process 1879—1931. J. Iron Steel Inst. 136 (1937) S. 77/97.
[20] CRESPI, G. B., Masse réfractaire pour fours sidéro-thermiques à marche basique. Brevet d'invention No. 842.258 du 18 août 1938.
[21] Procédé de désoxydation et de désulfuration de l'acier. Brevet d'invention No. 336.705 du 2 novembre 1903.
[22] Gemeinfaßliche Darstellung des Eisenhüttenwesens. Düsseldorf 1937, S. 253. sowie: Stahleisenkalender. Düsseldorf 1960, S. 194.
[23] DURRER, R., Die Welt-Eisenerzeugung im Jahre 1959. St. u. E. 80 (1960) S. 839.
[24] DAEVES, K., Entwicklung und Einsatz der Großzahlforschung. St. u. E. 71 (1951) S. 723, Bild 14.
[25] SUENDORF, CL., Langfristige Entwicklungen und Probleme der europäischen Stahlindustrie, insbesondere: Die wahrscheinliche Entwicklung der Stahlerzeugung. St. u. E. 80 (1960) S. 1302/04.
[26] EILENDER, W. und ROESER, W., Sauerstoffangereicherter Gebläsewind beim Thomasverfahren St. u. E. 59 (1939) S. 1065; St. u. E. 60 (1940) S. 660.
[27] METZ, P., Nouvelles recherches sur les procédés de conversion de la fonte au moyen d'oxygène pur (procédé O. C. P.) Revue Universelle des Mines 9. Série, T. XIV (1958) No. 12.
[28] MAURER, ED., Alterung und Sauerstoff beim Technischen Eisen. Abhandlungen der DAW zu Berlin, Klasse für Math., Phys. u. Technik (1955) Nr. 1, S. 5/6.
[29] WÜST, F. und DUHR, J., Über eine Stickstoffbestimmungsmethode in Stahl und Roheisen und über den Stickstoff bei den Hüttenprozessen. Mitt. K. W. I. für Eisenforschung II (1921) S. 39/57 sowie: Festschrift der K. W. Gesellschaft zu ihrem zehnjährigen Jubiläum. Berlin 1921. S. 243/250.
[30] WEDDING, H., in HARBORD, F. W. and HALL, J. W., The Metallurgy of Steel. London 1923, S. 94.
[31] STEAD, F. E., in HARBORD, F. W. and HALL, J. W., The Metallurgy of Steel. London 1923, S. 95.
[32] FRERICH, R., Erörterungsbeitrag. St. u. E. 61 (1941) S. 348, am Ende des ersten Abschnitts.
[33] HEIKE, W., Metallisches Eisen als Reduktionsmittel bei der Gewinnung technischen Eisens. St. u. E. 41 (1921) S. 1570.
[34] BARDENHEUER, P. und THANHEISER, G., Weitere Untersuchungen über den metallurgischen Verlauf des Thomasverfahrens. Mitt. K. W. I. für Eisenforschung 15 (1933) S. 314.
[35] HERZOG, E., Verhalten des Schwefels in der Thomasbirne. St. u. E. 41 (1921) S. 782.
[36] MAURER, Ed. und BISCHOF, W., Das Mangangleichgewicht bei der Stahlerzeugung im Siemens-Martin-Ofen und seine praktische Anwendung. Archiv für das Eisenhüttenwesen 5 (1931/32) S. 549/57.
[37] KOOTZ, Th., Zur Theorie der Windfrischverfahren. St. u. E. 61 (1941) S. 1062, Bild 19.
[38] SCHENCK, H. und RIESS, W., Untersuchungen über die Chemie der basischen Stahlerzeugungsverfahren. Dr.-Ing. Dissertation RIESS, Aachen 1934 sowie: Arch. Eisenhüttenwesen 9 (1935/36) S. 549/600.
[39] KÖRBER, F. und OELSEN, W., Über die Beziehungen zwischen manganhaltigem Eisen und Schlakken, die fast nur aus Manganoxydul und Eisenoxydul bestehen. Mitt. K. W. I. für Eisenforschung 14 (1932) S. 181/204.
[40] KRINGS, W. und SCHACKMANN, H., Die Temperaturabhängigkeit des Gleichgewichtes FeO + Mn $\rightleftharpoons$ MnO + Fe und seine Beeinflussung durch Zusätze. Z. anorg. allg. Chemie 206 (1932) S. 337 u. ff. sowie: KÖRBER und OELSEN, Mitt. K. W. I. für Eisenforschung 15 (1933) S. 287.
[41] CHIPMAN, J., GERO, J. R. und WINKLER, Th. B., The manganese equilibrium. Trans. Am. Inst. of Metallurgical Engrs. 188 (1955), Journal of Metals S. 341/45.
[42] MAURER, Ed. und BISCHOF, W., Zur physikalischen Chemie der Manganreaktion bei der Stahlherstellung, ihre Beeinflussung durch Bad und Schlacke. Ergebnisse der angewandten physikalischen Chemie 1 (1931), hierin: W. BISCHOF S. 143/46.
[43] LANGE, W., Die thermodynamischen Eigenschaften der Metalloxyde. Berlin/Göttingen/Heidelberg 1949, S. 71/3.
[44] MAURER, Ed. und LÜDEMANN, K. F., Das Verhalten des Chroms und Mangans im basischen S.-M.-Ofen unter Berücksichtigung der Schlackenzusammensetzung und der Temperatur. Abhandlungen der DAW zu Berlin, Klasse für technische Wissenschaften, Jahrgang 1953, Nr. 2.

[45] WEBER, F. und KOOTZ, Th., Die Endgehalte von Bad und Schlacke beim Thomasverfahren. St. u. E. 78 (1958) S. 1741, Bild 12.

[46] BISCHOF, W. und MAURER, Ed., Die Verteilung des Phosphors zwischen Eisen und kalkhaltigen Eisenphosphatschlacken. Arch. Eisenhüttenwesen 6 (1932/33) S. 415/21.

[47] MAURER, Ed. und BISCHOF, W., Die Verteilung von Phosphor zwischen Stahl und Schlacke beim basischen Stahlherstellungsverfahren. J. Iron Steel Inst. 132 (1935) S. 13/42 sowie: Habilitationsschrift W. BISCHOF der Sächs. Bergakademie Freiberg 1935.

[48] MAURER, Ed., Die Entphosphorung und das Massenwirkungsgesetz in: Stand der praktischen und wissenschaftlichen Erkenntnisse zur metallurgischen Qualitätsbeherrschung des Massenstahls. Die Technik 5 (1950) S. 499/514.

[49] WINKLER, Th. B. und CHIPMAN, J., An equilibrium study of the distribution of phosphorus between liquid iron and basic slags. Am. Inst. min. metall. Engrs. Metals Technology, April 1946.

[50] OELSEN, W. und MAETZ, H., Das Verhalten des Flußspats und der Kalziumphosphate gegenüber dem Eisenoxydul im Schmelzfluß und seine metallurgische Bedeutung. Mitt. K. W. I. für Eisenforschung 23 (1941) S. 232 u. 236 sowie: Zur Metallurgie des Thomasverfahrens. Arch. Eisenhüttenwesen 19 (1948) S. 114.

[51] VOM ENDE, H. und MAHN, G., Entmischung der Phosphatschlacken im Konverter. St. u. E. 80 (1960) S. 136/149, Bildtafel 1.

[52] FISCHER, W. A. und VOM ENDE, H., Verteilung des Phosphors zwischen Eisenschmelzen und kalkgesättigten Schlacken für Temperaturen von 1530 bis 1700 °C. St. u. E. 72 (1952) S. 1398/1408, Bild 11.

[53] SAMARIN, A. M., Sauerstoff in Eisenschmelzen. Z. S. Bergbau, Hüttenwesen u. verwandte Wissenschaften, Freiberg 12 (1960) S. 262/70, Bild 5b, sowie:
Über einige Untersuchungsergebnisse der Desoxydation von Metallschmelzen. Monatsberichte der Deutschen Akademie der Wissenschaften zu Berlin 2 (1960) S. 375/85.

[54] HILTY, D. C. und CRAFTS, W., Solubility of oxygen in liquid iron containing silicon and manganese. J. of Metals. February (1950) S. 425/36.

[55] KÖRBER, F. und OELSEN, W., Die Grundlagen der Desoxydation mit Mangan u. Silizium. Mitt. K. W. I. für Eisenforschung 15 (1933) S. 271/309, insbes. S. 281, Z. T. 4 bzw. S. 288, Abb. 5.

[56] GOKCEN, N. A. und CHIPMAN, J., Silicon-oxygen equilibrium in liquid iron. J. of Metals. Febr. 1852, S. 171/81.

[57] WENTRUP, W. und HIEBER, G., Umsetzungen zwischen Aluminium und Sauerstoff in Eisenschmelzen. Arch. Eisenhüttenwesen 13 (1939/40) S. 15/20.

[58] GELLER, W. und DICKE, K., Gleichgewicht der Desoxydation von flüssigem Stahl mit Aluminium und Silizium gemeinsam. Arch. Eisenhüttenwesen 16 (1943) S. 431/36.

[59] HILTY, D. C. und CRAFTS, W., The solubity of oxygen in liquid iron containing aluminium. J. of Metals, Febr. 1950, S. 414/24.

[60] GOKCEN, N. A. und CHIPMAN, J., Aluminium-oxygen equilibrium in liquid iron. J. of Metals, Febr. 1953, S. 173/78.

[61] CHIPMAN, J. und LANGENBERG, F. C., The alumina-graphite reaction in liquid iron and the aluminium desoxydation constant in steelmaking. The Physical Chemistry of Steelmaking von J. F. Elliott, Cambridge, Mass. 1958, S. 46/50.

FSC
www.fsc.org
MIX
Papier | Fördert gute Waldnutzung
FSC® C083411

Kolibri 360 GmbH
Ferdinand-Jühlke-Straße 7
99095 Erfurt, Deutschland
produktsicherheit@kolibri360.de